Yanshi Rubian Texing ji Raodong Xiaoying Shiyan Yanjiu

岩石蠕变特性及扰动效应试验研究

牛学良 范庆忠 / 著

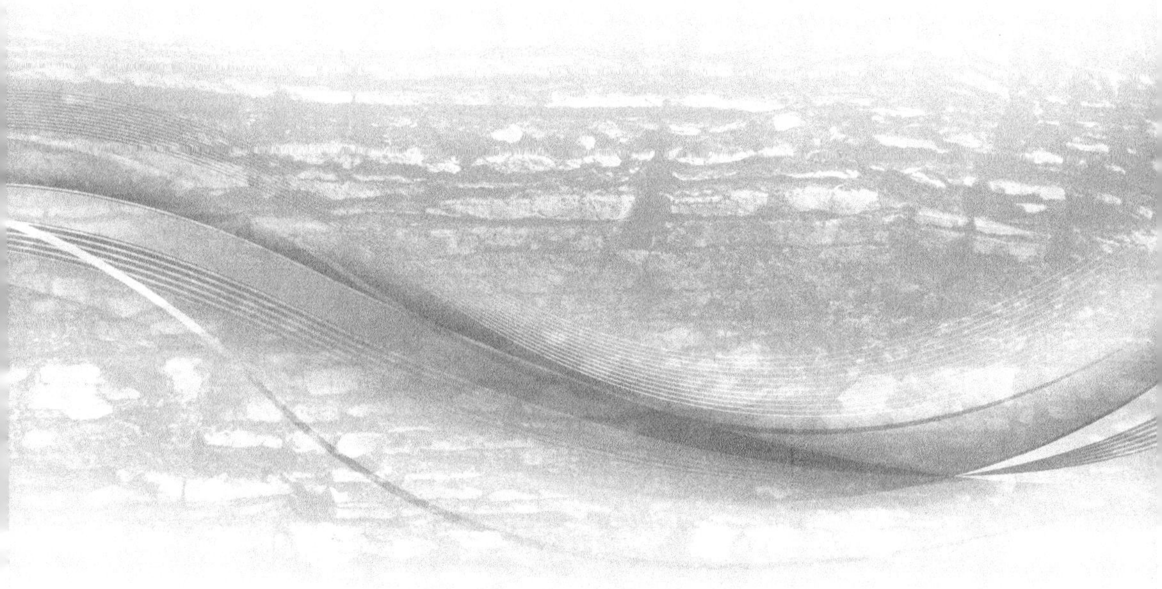

中国矿业大学出版社
·徐州·

内容提要

本书主要进行岩石单轴压缩蠕变、单轴压缩蠕变扰动效应与岩梁弯曲蠕变及其扰动效应等试验研究，并初步提出扰动效应的基本理论。主要内容包括岩石蠕变特性及扰动效应国内外研究现状、岩石单轴压缩蠕变试验、岩石单轴恒载及分级加载压缩蠕变模型研究、岩石单轴压缩蠕变扰动效应试验、岩梁弯曲蠕变及其扰动效应试验。

本书可供采矿工程、岩土工程、岩石力学与工程等专业的工程技术人员、科研工作者及高等院校相关专业的师生参考使用。

图书在版编目(CIP)数据

岩石蠕变特性及扰动效应试验研究 / 牛学良，范庆忠著. —徐州：中国矿业大学出版社，2020.8

ISBN 978-7-5646-4790-2

Ⅰ. ①岩… Ⅱ. ①牛… ②范… Ⅲ. ①岩体蠕变—研究 Ⅳ. ①TU454

中国版本图书馆 CIP 数据核字(2020)第 147239 号

书　　名 岩石蠕变特性及扰动效应试验研究
著　　者 牛学良　范庆忠
责任编辑 王美柱　杨　洋
出版发行 中国矿业大学出版社有限责任公司
（江苏省徐州市解放南路　邮编 221008）
营销热线 (0516)83884103　83885105
出版服务 (0516)83995789　83884920
网　　址 http://www.cumtp.com　**E-mail**:cumtpvip@cumtp.com
印　　刷 江苏凤凰数码印务有限公司
开　　本 787 mm×1092 mm　1/16　**印张** 9.25　**字数** 166 千字
版次印次 2020 年 8 月第 1 版　2020 年 8 月第 1 次印刷
定　　价 48.00 元

前 言

目前,我国许多矿井的开采深度已经超过 800 m,最深的甚至达到 1 300 m。在大采深条件下,即使是中等强度的巷道围岩,其应力状态也接近岩石的强度极限,巷道围岩稳定性差,很容易因巷道掘进、开采扰动作用或其他因素的影响而产生大变形。在深井软岩条件下,巷道围岩应力状态处于岩石强度极限邻域内,围岩的变形量主要是岩石的流变造成的,其中,开采扰动变形又是其重要的组成部分。因此,研究岩石在扰动荷载作用下的流变力学特性,建立岩石流变扰动基本理论,对深井软岩巷道支护具有重要的工程实用价值。

以往岩石流变试验研究多集中于岩石单轴压缩、单轴拉伸、三轴压缩、弱面剪切等类型的蠕变或应力松弛试验等,岩石流变理论研究多集中于岩石的黏弹塑性模型、元件组合模型、试验曲线模型等,有关岩石流变扰动效应的试验与扰动理论研究成果较少。因此,岩石流变扰动效应的试验与理论研究,是一项具有原始创新特征的研究课题,该项研究可以拓展岩石流变理论的研究内容,并可在固体力学的范畴内建立具有岩石力学特色的流变扰动效应理论。同时,研究岩石在强度极限邻域内的流变扰动效应,对岩石工程稳定性分析和发展岩石流变理论,都具有重要的意义。

本书主要进行了岩石单轴压缩蠕变、单轴压缩蠕变扰动效应与岩梁弯曲蠕变及其扰动效应等试验研究。通过岩石单轴压缩蠕变试验,分析了蠕变条件下岩石的弹性模量和泊松比的变形效应以及岩石轴向蠕变和横向蠕变的异同点。根据试验结果,以元件组合模型为基础,通过引入损伤变量和硬化变量,建立了常应力下岩石的非线性蠕变模型。根据红砂岩试件的瞬时加卸载试验、短程蠕变试验与泥岩长程蠕变试验结果，分别建立了分级加载条件下的轴向及横向蠕变方程，并验证了岩石的应变硬化效应。通过岩石蠕变扰动效应试验，探讨了不同应力下同一扰动荷载的扰动效应和相同应力下不同扰动荷载的扰动效应，分析了岩石应变极限邻域内的扰动蠕变规律。由岩梁的弯曲蠕变及其扰动效应试验，分析了蠕变过程中岩梁弯曲中性面位置的偏移特点以及不同扰动荷载下岩梁顶、底面的应变变化规律。

在撰写本书过程中，笔者参阅了大量的中外文献，借此机会向所有文献作者表示诚挚的谢意。感谢山东科技大学崔希海博士、史红博士、付志亮博士和王素华博士，本书的出版离不开与他们每一次有益的探讨，同时感谢山东科技大学陈绍杰博士在试验方面的指导和支持。在此不能一一列举所有曾提供帮助与支持的同行，深表歉意！

由于笔者水平所限，书中难免有疏漏和不足之处，恳请读者给予批评指正。

著　者

2020 年 6 月

目　　录

1 绪　论

1.1 课题的提出

“流变”(rheology)一词来源于古希腊哲学家赫利克里特(Heractitus)所说的“παγ τα ρεγ”,意即万物皆流[1]。流变是指物体在受力变形过程中存在的与时间有关的变形性质,原则上讲,所有实际物体都具有流变特性。例如,山体经历长久的地质年代可发生流动,只是时间太长,不为普通人所注意;土的流变现象则到处可见:建筑物的长期沉降,坑道开挖引起的地表面向临空面的位移以致边坡失稳,隧道开挖引起的地表沉降;矿山巷道和硐室开挖后,在围岩应力重新调整过程中而形成的持续形变与收敛等。

随着对岩石介质及其工程特性认识的深入,在描述和处理岩石材料时间效应与流变属性方面沿用弹性或弹塑性理论存在明显的缺陷和困难,只有从流变学观点出发才能对这些时间效应现象作出合理解释。

岩石流变学研究内容一般包括蠕变、应力松弛、长期强度、弹性后效和滞后效应等方面。岩石具有流变这一特性已为大家所熟知,尤其是深埋于地下的硐室或巷道,围岩具有随时间的延长而缓慢变形的明显特征,包括地压、破坏等都与时间有关。岩石的流变性是岩石具有的重要力学特性之一,很多岩石工程都与岩石的流变性有密切关系。岩石与岩体作为建筑物的基础、边坡和围岩介质,其力学性能及稳定性对建筑物和结构物的安全起着直接的重要作用。陈宗基教授[2]就曾指出,一个工程的破坏往往有时间过程,换句话说,它是由岩石的流变性控制的;甚至有的研究者指出,不考虑岩石的流变性,某些岩石力学的基本课题就不可能得到解决。大量的工程实践表明[3-5]:在许多情况下,岩石工程的失稳和破坏,并不是在开挖完成或工程完工后立即发生的,而要滞后一段时期。例如,矿山井巷开挖以后,成巷之初稳定的岩体,随时间推移变形不断发展,经过一段时期以后,巷道可能失稳或坍塌破坏,即巷道围岩变形与时间因素密切相关。在自重应力、构造应力及因采掘而产生的集中应力影响下,强度较低的岩层、膨胀性泥岩、软弱夹层、断层破碎带和裂隙体岩层等,都会随着时间的延长而产生显著的蠕变现象。巷道围岩和采场覆岩的变形和应力随时间的推移而不断地进行调整和变化，变形趋于稳定或失稳往往需要延续一个时间过程[6-9]。

岩石流变学研究，对于岩体工程是非常重要的，一方面由于岩石和岩体本身的结构和组成反映出明显的流变性质，另一方面由于岩体的受力条件使流变性质表现得更为突出。多年来，许多学者探讨用流变力学的观点解析和处理坝基、边坡、地下硐室等工程中的各种与时间有关的力学现象和问题[10-26]。我国飞速发展的各类工程建设的需要，如三峡工程的兴建、西部大开发、核废料的存储以及深部煤炭资源的开采等，使岩石流变学越来越引起岩石力学、工程地质和工程技术界的普遍重视，岩石流变学的研究和工程应用取得了长足的进步和许多重要成果。但岩石作为一种地质介质，具有非均质特征，其裂隙介质属性和细观非均质属性对岩石本构关系和强度特性有重要影响，这是岩石力学最基本的研究课题[27]。岩石的复杂性和多样性，使岩石流变特性研究仍然存在若干亟待解决的问题，进一步深入研究岩石的流变特性和岩石的长期力学性质是十分必要的，而且具有重要的理论意义和工程使用价值。郑哲敏等[28]指出，作为大型土木工程基础的岩石和土在长期受载下的流变等一系列地质力学和岩土力学问题，仅靠目前的连续力学是难以解决的，必须针对地学特点构筑新的力学模型，以作为地球动力学和工程地质学的基础。

随着地下工程规模的扩大，尤其是采矿工程向深部的推进，岩体工程处于更为复杂的环境场之中。仅就地应力而言，深部原岩应力比浅层要大得多，开挖卸荷必将导致围岩应力的增大，围岩应力已接近或达到岩石(体)的破坏强度。国内外有许多地下工程[29-33]，它们要么处于高地应力环境中，要么埋深大且岩体性质特殊，均遇到了非常严重的稳定问题。在这种情况下，围岩流变性对外界扰动变得很敏感，岩石蠕变扰动效应问题异常突出[34]。现在我国许多矿井的开采深度已经超过 800 m，最深的达到 1 300 m，中等强度的巷道围岩其应力状态接近岩石强度极限，巷道的稳定性较差，很容易受掘进或开采扰动影响而产生大变形，从而使巷道支护成本急剧增加。另外，岩石工程的一个显著特点是使用年限较长，数百米的高坝、埋深达千米的深井巷道工程，其使用年限为几年、几十年乃至数百年，这就向岩石力学工作者提出了如下问题：(1) 当围岩应力接近岩石强度极限状态时，围岩的流变特性如何；(2) 当围岩应力接近或处于岩石(体)的破坏强度时，其流变性对外界扰动的敏感性如何；(3) 如何确保岩石工程的长期稳定性等。这些问题正是岩石流变学研究的任务，也是尚未得到很好解决的理论课题。

本书重点解决以下问题：

(1) 研究岩石蠕变,尤其是加速蠕变阶段特征,以了解应力接近岩石强度极限状态时岩石的流变特性。对该问题的研究,一方面可以进一步掌握岩石蠕变规律,另一方面可为研究蠕变扰动效应提供参考。

(2) 研究岩石在静载蠕变条件下受到微小动力扰动时的蠕变扰动效应问题,确定蠕变对扰动的敏感性。

1.2 文献综述与国内外研究现状

作为较完整的学科体系,流变学形成于 20 世纪 30 年代。1922 年,宾汉(E. C. Bingham)的名著《流动和塑性》的出版,以及根据他的倡议,1928 年流变协会的成立,标志着流变学成为一门独立的学科[1]。20 世纪五六十年代,E. H. Lee 和陈宗基教授等率先将流变学应用于岩土工程研究领域[35-42]。此后,许多学者相继开展了岩土体流变学研究与应用,尤其是岩土蠕变特性的研究。1979 年召开的第四届国际岩石力学会议,将岩石流变问题作为会议主题进行了讨论;大会总报告人 M. Langer 教授从岩石流变问题的基本概念、岩石力学研究中的流变方法、岩体的流变规律到岩石工程中的流变问题进行了全面的论述,同时阐述了这一工作的研究状况及其重大意义[40]。

有关岩石流变力学研究的文献越来越多,这些文献研究的重点主要有四个方面,即岩石流变试验研究、岩石流变本构模型研究、岩石流变本构方程解析以及岩石流变本构模型的工程应用。本书重点论述前两个方面。

1.2.1 岩石流变试验研究

岩石流变试验是了解岩石流变力学属性的主要手段,岩石室内试验结果是描述岩石流变属性不可缺少的重要资料。岩石流变试验具有能够长期观察、可严格控制试验条件、可排除次要因素的影响、重复次数多和耗资较少等特点,因而得到广泛应用。岩石的蠕变试验研究最早可追溯到 20 世纪 30 年代。1939 年,D. Griggs[43] 发表了他的研究成果,提出砂岩、泥板岩和粉砂岩等岩石,当荷载达到其破坏荷载的 12.5%～80%时,就会发生蠕变的观点。在此后的几十年里,有关岩石材料流变性态的资料和成果越来越趋于丰富和完善[44-45]。H. Ltô 等[46]从 1957 年开始对花岗岩进行了历时几十年的弯曲蠕变试验。陈宗基对宜昌砂岩进行过 8 400 h 的蠕变试验,研究了岩石的封闭应力、蠕变和扩容现象。

对于不同的受力条件,各类岩石所表现的流变性态不尽相同。众多的流变(蠕变)试验研究表明[8,47-50],在单轴压缩情况下,恒载较低时多数岩石表现为黏弹性固体特性;当压应力超过一定量值后,则多表现为黏塑性流体特性。岩石的横向蠕变比轴向蠕变更显著，某些砂岩和凝灰岩在单轴压缩条件下都有比较明显的体积蠕变特性，即其体积变形常随时间的延长缓慢增大，且出现体积膨胀的应力值比短时加载的低。在不同蠕变阶段，一些岩石的轴向和横向蠕变曲线的形状相类似。压缩蠕变的发展，使岩石的长期强度大为降低，弹性模量和泊松比也都随加载时间和加载速度的不同而变化，一般可把增量泊松比为0.5时所对应的应力作为岩石的长期强度。

一些岩石在单向拉伸、扭转（剪切）和多点弯曲等恒载分别作用下的变形均表现出更加明显的时间效应。在这几种受力条件下，即使在较低的应力水平下，岩石也容易显现出黏弹塑性流体的蠕变性态。试件受单向拉伸作用时，由于侧向应变很小，体积蠕变和轴向蠕变在性态和量值上都大体相同。一些岩石（如花岗岩）在单向拉伸时的蠕变速率比较高，第三期蠕变的时间又极其短暂，因而常会突然破坏；而另一些岩石（如砂岩和石灰岩）的拉伸蠕变变形很大，在相同的应力水平（指施加的应力占破坏值的百分比）时，其拉伸蠕变是压缩蠕变的 5～6 倍。

在双轴和三轴压缩的复杂应力状态下，岩石亦会发生蠕变，其蠕变性态受到各个方向应力大小及加载路径的影响。对于围压恒定、轴压增加的情况，一些岩石在每一级增量荷载下的轴向、侧向和体积变形都具有明显的时间效应；其轴向和侧向瞬时应变以及轴向第二期平均蠕变速率随应力差的变化规律与单轴压缩情况的近似相同。反之，在轴压恒定、围压增加的情况下，体积变形的时间效应多不明显，轴向和侧向蠕变也不大。但许多试验结果又都表明侧压力对某些岩石蠕变的影响很显著。就花岗岩而言，当剪应力增加时，其剪应变和体积应变以及蠕变速率均迅速增加；而当侧压力增加时，这些量值则减小。当剪应力不变时，岩石试件的断裂强度随围压增大而增加。因而，在高围压条件下，蠕变断裂比单轴压缩情况困难得多。此外，体积应变的性态对岩石畸变蠕变特性也有较大影响。

软弱夹层和沿节理结构面的剪切流变性态是决定不连续岩体流变特征的关键。当与节理面正交的法向应力为不同的恒定值时，得到的沿节理面切向不同时间的剪应力-剪应变时程曲线表明：节理面的剪切刚度随时间的延长而降低，剪应变速率则随剪应力的增加而增加。对表面粗糙但无大的起伏角，以及无黏土质矿物夹层充填的节理面，其蠕变曲线相对比较平缓，在变形过程中没有大的起伏和剧变。此外，层状板岩中存在的节理面还会影响侧向蠕变；平行节理面加载时产生的侧向蠕变有时可达到垂直节理面加载时相应值的 2 倍。

在恒定的单向压应变作用下，多数岩石都表现出不同程度的应力松弛特性。应力松弛持续的时间具有随岩石单轴抗压强度降低而减小的趋势，同时还受到所施加应力值的影响。

近年来，岩石的流变试验得到了进一步的发展，取得了一些新的研究成果。李永盛[51]、Y. S. Li 等[52]采用伺服控制刚性试验机对粉砂岩、大理岩、红砂岩和泥岩 4 种岩石进行了单轴压缩条件下的蠕变和松弛试验，指出在一定的常应力作用下，岩石材料蠕变一般都出现蠕变速率减小、稳定、增大三个阶段，但各阶段出现与否及延续的时间，则与所观测的岩石性质和所施加的应力水平有关；岩石的松弛曲线具有连续型和阶梯型两种典型的变化规律，前者和一般的连续介质比较接近，而后者则具有非连续性和突变性的特征。张向东等[53]采用自制的重力杠杆式岩石蠕变试验机，对泥岩进行了三轴蠕变试验，指出软弱岩石的三轴蠕变呈非线性特征，其蠕变变形量为瞬时变形量的 3 倍以上。金丰年[54]利用伺服控制刚性试验机，采用应力反馈控制方法获得了多种岩石单轴拉伸试验的全应力-应变曲线；通过对岩石单轴拉伸、单轴压缩及其荷载速度效应和蠕变试验的研究，首次提出了岩石受拉和受压力学特征具有相似性的理论观点。文献[55]介绍了蠕变试验及疲劳试验岩石破坏过程和普通的单轴压缩破坏之间的相关性及岩石的蠕变极限和疲劳极限的研究结果。徐平等[56-57]、夏熙伦等[58]对三峡花岗岩进行了单轴蠕变试验，给出了三峡花岗岩的蠕变经验公式，认为三峡花岗岩存在一个应力门槛值 σ_s。当应力水平低于 σ_s 时，采用广义开尔文模型来描述三峡花岗岩的蠕变特性；当应力水平高于 σ_s 时，采用西原模型来描述，并给出了相应的蠕变参数。E. Maranini 等[59]对 Pietra Leccese 石灰岩进行了单轴、三轴压缩蠕变试验，结果表明蠕变的机理主要为低围压下裂隙扩展和高应力下孔隙塌陷。

岩体开挖卸荷过程会引起岩石受拉破坏，且流变效应十分显著。吴刚[60]根据与工程实际相对应的原则，对红砂岩试样进行了四种类型的卸荷破坏试验。J. Sun 等[61]对三峡花岗岩进行的劈裂拉伸蠕变试验表明，蠕变拉伸强度与加载速率有关；还研究了水对拉伸蠕变特性的影响。李建林[62]通过试验指出，当拉伸应力为岩石抗拉强度的 30%时，流变变形可持续 6 个月以上。

试验表明[63]，岩石的弹性参数和蠕变参数并非定值，而是时间的函数；软岩的强度和弹性模量随时间的延长而降低，且变化规律具有相似性，这种现象可以用损伤力学的方法进行描述。文献[1]介绍了多个岩石流变试验，并以试验为基础，研究了黏滞系数随加载应力和加载持续时间的变化规律。

工程实践和试验均已证明[1]，岩石破坏为一个渐进过程。岩石宏观破坏是介质中裂纹起裂、扩展和连通的结果，岩石流变损伤、断裂具有时效特性。邓广哲等[64-65]应用试验手段，得到了裂隙岩体强度弱化与裂隙扩展之间的基本关系；指出在岩体长期稳定性分析过程中，应该注意裂隙的出现与扩展是岩体岩性弱化的重要因素之一；主裂纹的产生与时效扩展是间断裂隙岩体蠕变的内在机制；裂隙扩展和裂隙岩体蠕变都具有阶段阈值，两者具有一定的内在联系。陈有亮等[66]在传统断裂力学基础上引进时效特性，提出了判断岩石起裂的流变断裂准则以及裂纹时效扩展机理，分析了裂尖微裂区对断裂韧度的影响，并将非等距灰色理论用于岩石蠕变断裂时间预测。陈有亮等[67]用三点弯曲试验方法对层状岩石的流变断裂特性进行了试验研究与理论分析，得到了岩石流变断裂准则。陈有亮[68]以一类红砂岩为例，对蠕变条件下岩石裂纹起裂和扩展的机理、准则进行了试验研究和理论分析。文献[69]综述评介了岩石裂纹(缺陷)演化及力学特性研究的进展，内容包括微细观裂纹演化及力学特性、时间相关性、裂纹扩展与岩石破坏；并结合某些工程问题进行了讨论，指明深部矿井由于岩石特性的软化，岩石流变损伤断裂的研究将是极为重要的领域。

另外，近年来计算机断层扫描技术即CT技术以其无扰动、可多层面分析和能采用国际标准试件等优点，受到岩土力学研究者的关注。G. S. Yang等[70]、葛修润等[71-72]、任建喜[73-74]利用这一技术对岩石蠕变破坏机理进行了较深入的研究，得到了岩石蠕变损伤演化的初步规律。

总之，岩石流变试验是开展岩石流变研究的基础性工作，但是目前有关岩石流变力学参数的数据还很缺乏，应大力提倡岩石流变的试验工作，以推动岩石流变理论研究[75]。

1.2.2　岩石流变本构模型研究

岩石流变本构模型研究，就是探讨用什么样的本构方程来描述岩石材料的应力-应变-时间之间的物理力学关系。岩石流变本构模型应该既能准确反映岩石的流变特性，又具有实际工程应用的可行性。学术界经过多年的探讨，已经建立了大量的流变模型[1,3-10,34-36]，这些岩石流变本构模型可以划分为经验模型、组合模型、内时模型三大类。

1.2.2.1　经验模型

流变体的应力、应变和时间之间的关系很复杂，不便于用一般的函数关系来表示。经验模型是根据不同试验条件及不同岩石种类求得的数学表达式，也称为流变体的经验方程。

老化理论假设应力、应变和时间之间存在某种函数关系，总应变为弹性应变和蠕变应变之和：

$$\varepsilon = \frac{\sigma}{E} + f(\sigma)g(t)$$

式中，$g(t)$表征变形的增长随时间的延长而减缓的特性，从本质上反映了材料特性随时间的变化关系，即“老化”；$f(\sigma)$表示变形随应力变化而变化的关系。老化理论又称陈化理论，所确定的变形、时间和荷载的关系，既反映了蠕变过程，又反映了松弛过程，适用于应力恒定或应力变化缓慢的情况，常以等时曲线分析为基础。

流动理论的状态方程，用应变速率与应力、时间之间的关系式来描述，即

$$\dot{\varepsilon} = f(\sigma, t)$$

式中，$\dot{\varepsilon}$为材料的蠕变速率。当应力未超过材料的弹性极限时，总变形速率是弹性变形速率与蠕变变形速率的总和，即

$$\dot{\varepsilon} = \dot{\varepsilon}^{e} + \dot{\varepsilon}^{c} = \frac{\dot{\sigma}}{E} + f(\sigma)x(t)$$

式中，$f(\sigma)$，$x(t)$分别为蠕变变形速率随应力和时间变化而变化的函数。对于蠕变三阶段而言，在衰减蠕变时，$x(\infty)=0$；在非衰减蠕变时，$x(\infty)=\infty$；在稳定蠕变时，$x(\infty)=$常数。f，x可由试验确定，常取幂函数形式。流动理论有时又称为第二老化理论，方程中明显包含时间因素，当起始时刻变化时，则流动理论的方程也相应变化。一般情况下，该理论适用于应力平稳变化的条件。

硬化理论认为，变形速率、应力和变形之间的函数关系可用下式来描述：

$$\dot{\varepsilon} = f(\sigma, \varepsilon)$$

比如，蠕变变形速率、应力和应变的关系用下式来表示：

$$\dot{\varepsilon} = f(\sigma)/\varphi(\varepsilon)$$

即随着变形增加，变形速率减小，材料仿佛被硬化了。

继效理论又称记忆理论或遗传蠕变理论，该理论假设材料是均质、各向同性的，在蠕变规律中考虑既往荷载和变形的历史过程，按照波尔兹曼叠加原理有：过去某时刻加上的荷载到任一时刻t引起的变形等于各个互不相干的荷载到时刻t引起的变形总和。换句话说，在某时刻的变形不仅与这个时刻的应力有关，而且与变形的历史有关，仿佛继承了过去的作用应力的影响，由此产生了记忆理论。

对于任意的应力加载历程，流变状态方程为：

$$\varepsilon(t) = [\sigma(t) + \int_{0}^{t} K(t-\tau)\sigma(\tau)\mathrm{d}\tau]/E$$

式中，$K(t-\tau)$为蠕变核，反映材料的蠕变性能，$K(t-\tau) = EJ(t-\tau)$。

流变状态方程也可写为：

$$\sigma(t) = E[\varepsilon(t) - \int_{0}^{t} R(t-\tau)\varepsilon(\tau)\mathrm{d}\tau]$$

式中，$R(t-\tau)$为松弛核，反映材料的松弛性能。

当考虑应力和变形的非线性关系时，σ和ε不是指变形和应力本身，而是变

形和应力的函数 $\varphi(\varepsilon)$ 或 $f(\sigma)$。

经验公式多数描述的是初始蠕变和等速蠕变，较少反映加速蠕变。目前，关于材料介质蠕变的经验公式主要有以下 3 种类型。

① 幂函数型。其基本形式为：

$$\varepsilon(t) = At^n$$

式中，A，n 为试验常数，n 取值一般在 0.3～0.5 之间，多用来反映初始蠕变阶段的性质。

② 对数函数型。其基本形式为：

$$\varepsilon(t) = \varepsilon_e + B\lg t + Dt$$

式中，B，D 为试验常数，常用来反映加速蠕变阶段的性质。

③ 指数函数型。其基本形式为：

$$\varepsilon(t) = A\{1 - \exp[f(t)]\}$$

式中，A 为试验常数；$f(t)$ 为按负指数衰减的可恢复应变时间为 t 的函数，多用来描述等速蠕变阶段性质。

1.2.2.2 组合模型

组合模型的基本原理是按照岩石的弹性、塑性和黏滞性设定一些基本元件，然后根据岩石具体的性质，将其组合成能基本反映岩石流变属性的本构模型。流变体的弹性可用弹性元件，即弹簧来模拟，该弹簧服从胡克定律，用符号 H 表示；流变体的塑性可用服从圣维南定律的摩擦元件来表示，用符号 St. V 表示；流变体的黏滞性可用服从牛顿流体定律的浸没在盛有黏性液体筒内的活塞元件来表示，用符号 N 表示。通过室内蠕变、松弛试验得到应力-应变-时间曲线，分析时间对应力-应变曲线的影响；将基本元件串联（用符号“-”表示）或并联（用符号“||”表示），得到各种各样的组合模型，来模拟实际岩石的应力-应变关系。调整模型的参数和组合元件的数目，使模型的应力-应变曲线与试验结果相一致，这样建立起来的模型属于一维流变模型[1,76-78]。

组合模型中比较典型的有麦克斯韦模型、开尔文模型、广义开尔文模型、伯格斯模型、鲍埃丁-汤姆逊模型、通用线性黏弹性模型等黏弹性模型和宾汉模型、西原模型、刘宝琛模型、孙钧模型等黏（弹）塑性模型。岩石具有弹性、黏性和塑性，黏弹性模型适用于材料应力在屈服极限以下的情形。材料应力超过屈服应力后，其力学响应为黏塑性。岩石蠕变三阶段是试验结果，可以用黏弹性力学来描述，也可以用黏塑性力学来描述。从开挖后围岩的力学性态分析，黏塑性力学更适合[79]。组合模型的流变本构方程是一种微分形式的本构关系，其特点是概念直观、简单，物理意义明确，又能较全面地反映流变介质的各种流变学特性，如蠕变、应力松弛、弹性后效和滞后效应等。通过对本构方程的求解就可得到蠕变方程、应力松弛方程等。当考虑胡克元件的非线性应力-应变关系或者牛顿元件的非牛顿流体的特性时，组合模型可以描述岩石的非线性流变特性[1]。因此，组合模型得到了广泛的应用。

然而，上述典型组合模型无论多么复杂，都只能描述瞬间弹性变形、初期蠕变和稳态蠕变现象，而不能描述加速蠕变现象。余启华[80]、陶振宇[81]提出将西原模型中的塑性元件用一个扩裂元件 T 来代替，扩裂元件在加速蠕变之前与塑性元件作用相同，在进入加速蠕变之后则反映加速蠕变特性，从而形成可以描述流变全过程的模型。曹树刚等[82]将西原模型中的黏滞元件的黏滞系数修正为非线性的，提出了一个改进的西原正夫模型。该模型的理论曲线能较好地吻合岩石实际的蠕变试验曲线，可以较好地表示岩石的三阶段蠕变变形，尤其是非线性的加速蠕变变形。韦立德等[83]认为岩石流变的能力主要由岩石的黏聚力决定，黏性系数随黏聚力的增大而增大；不可恢复的永久变形主要由颗粒间的滑动距离决定。根据该流变机理，建立的一维黏弹塑性本构模型，能够反映岩石流变的全过程和模拟岩石蠕变的第三阶段，并且可以避开建模中的模型识别过程。邓荣贵等[84]在总结了近年来许多学者对流变模型研究工作的基础上，根据岩石在加速蠕变阶段的力学特性，提出了一种非牛顿流体黏滞阻尼元件，该黏滞阻尼元件所受应力与其蠕变加速度大小成正比，即

$$\sigma = \eta_d \ddot{\varepsilon}$$

将该元件与传统模型元件结合，构成新的综合流变模型。当岩石所受的应力较大时，该模型能够同时描述岩石的弹性变形、滞后的黏弹性变形、等速与加速黏塑性变形。陈沅江等[85-86]为了描述工程软岩的复杂流变特性，提出了 2 种非线性元件——蠕变体（CYJ 体）和裂隙塑性体（L 体），并将它们和描述衰减蠕变特性的开尔文体（K 体）、描述弹性的胡克体（H 体）及圣维南体（S 体）相结合，得到了一种新的复合流变力学模型。该模型不但能描述软岩在低应力时的弹性和黏弹性（稳定蠕变），而且能描述软岩在较高应力时的弹性、塑性、黏弹性和黏塑性（不稳定蠕变）。

以上所介绍的经验模型和组合模型都是针对一维情况而言的，迄今为止还没有人通过三维试验总结出三维经验模型，也没有用元件组合成一个三维组合模型。三维本构模型均为从一维模型按照文献[87]的原理推理得到的，并且，随着模型的复杂化，模型参数的确定和模型辨识愈加困难。用组合模型理论、经验模型理论和经典的黏塑性理论来研究岩石尤其是软岩的流变，无法精确地描述其复杂规律[88-89]。

1.2.2.3 内时模型

内时理论由 K. C. Valanis[90-91]提出，其最基本的概念包括：塑性和黏塑性材

料内任一点的现时应力状态是该点邻域内整个变形和温度历史的泛函；变形历史用取决于变形中材料特性和变形程度的内蕴时间而不是牛顿时间来度量；通过对由内变量表征的材料内部组织的不可逆变化必须满足热力学约束条件的研究，得出内变量的变化规律，从而给出显式的本构方程。Z. P. Bazant 等[92]最早将内时理论推广应用到混凝土和岩石材料中。范镜泓等[93-94]发展了 K. C. Valanis的“材料本构不变性的概念”思想，在以内变量理论的方法和概念为其重要组成的不可逆热力学基础上，提出了一个本构方程的形式不变性定律，并在数学上给予严格的证明。按照这个定律，在恰当定义某些内蕴时间标度 Z 以使得广义的内摩擦力正比于相应内变量对 Z 的变化率的条件下，所研究的耗散材料的本构方程的形式与内摩擦力正比于相应的内变量速率的黏弹性材料的本构方程形式完全一样。陈沅江等[95]从软岩流变变形过程为一不可逆热力学耗散过程的观点出发，基于内时理论，通过对内蕴时间的重新构造及在亥姆霍兹自由能中引入损伤变量，利用不可逆热力学的基本原理，推导了软岩的内时流变本构方程。该方程能有效地描述软岩蠕变过程中衰减蠕变、稳定蠕变和加速蠕变等三个阶段的力学特性。当损伤尚未发生或未明显出现时，该方程能用来描述软岩蠕变第一、二阶段的特性及松弛特性；当损伤开始发生或出现时，该方程描述的是蠕变第三阶段的特性；损伤起始于或明显显现于蠕变第二阶段之末是软岩蠕变加速阶段出现的原因。

以不可逆热力学为基本原理而导出的岩石流变内时模型，可以比较准确地反映岩石的流变特性，且具有三维形式。若恰当地定义内蕴时间，则该模型有广泛的适用性[34,95]。但内时模型待定参数较多，在复杂应力条件下求解十分复杂甚至是困难的，目前的应用还较少。

1.2.3 岩石(体)的蠕变损伤断裂

由于岩石是一种典型的非连续、非均质缺陷材料，因而将损伤力学、断裂力学引入岩石的流变研究就是必然的和自然的[1,8]。陈智纯等[96]、缪协兴等[97]通过大量的岩石流变试验研究，总结给出了以材料弹性模量为参数的岩石流变损伤方程。陈祖安等[98]分析了三轴应力下岩石的场变扩容机制，描述了蠕变过程中岩石已存在的微裂纹随时间的起裂、扩展和连通现象。凌建明[99]将损伤力学与断裂理论相结合，通过对近裂尖瞬态应力场近似表达的推导，提出了岩体蠕变裂纹起裂与扩展的损伤力学分析理论，建立了岩体蠕变裂纹扩展的损伤累积模型，来预测蠕变主裂纹起裂时间以及分析裂纹时效扩展特征。剡公瑞等[100]从二维空间中单一裂缝在外力场作用下的流变损伤细观机理出发，考虑裂缝尖端的传力效应和流变效应，并考虑裂缝面的粗糙传力作用和裂缝的一维效应，推导了计算岩体及混凝土坝体结构内一维裂缝在损伤流变作用下断裂扩展的一组半解析迭代公式。朱维申等[101]、肖洪天等[102-104]采用试验和理论方法，建立了裂隙岩体的流变损伤力学模型，并将之应用于三峡永久船闸高边坡稳定性分析。金丰年等[105-106]在试验的基础上从损伤角度出发，研究了岩石在拉压作用下的变形破坏特性，基于割线模量法定义损伤变量，建立了岩石非线性流变损伤本构模型，该模型可反映岩石变形的全过程特征，并能模拟岩石损伤破坏及裂纹扩展过程。邓广哲等[64-65]对岩体裂隙非线性蠕变及蠕变裂隙扩展与岩石长时强度效应进行了研究。陈有亮等[66-68]研究了蠕变断裂问题。曹树刚等[107]对可能产生煤与瓦斯延迟突出的煤岩进行常规的物理力学性质试验、微观损伤分析和流变力学特性试验，得到了煤岩受力变形直至破坏的规律，提出了有实用价值的煤岩损伤的偏应力检测法。

损伤的概念简单、清楚，但对岩石而言，其度量则相当困难。目前尚无直接的可验证的方法，基于微(细)观方法所建立的流变模型，由于岩石(体)中裂纹及断裂的几何形状复杂，充填、闭合、相互影响情况与假设不符，其局限性相当明显。

1.3 岩石蠕变课题中需要进一步研究的问题

从上面的文献综述可以看出，前人在岩石流变特性的试验及理论研究方面已做了大量工作，积累了丰富资料，但还存在一些问题有待进一步研究，概括起来主要有以下几个方面：

(1) 目前的流变试验研究多为加载条件下的流变试验，少有卸载条件下的流变试验，尤其是能真实反映硐室实际状态(ε_2不变)的卸载流变试验，而岩石在加载和卸载条件下的性质是有很大不同的。

(2) 针对矿山煤岩长期流变力学性质的研究较少，并且流变试验的时间明显不足，多为几小时到几十小时，最长也不过几天。而实际情况是，巷道及硐室开挖后流变的发展可以达到几十天、几个月乃至几年，以短时试验结论不足以对长期状态进行较准确的预测。

(3) 目前的流变试验及理论研究都是针对静载、确定应力状态进行的，尚未有蠕变状态下动力扰动效应的试验及理论研究的报道。而工程实际中，巷道围岩的破坏多是岩石介质对工程扰动力(主要由爆破、矿车运输、采动影响等引起)的响应。

(4) 巷道硐室的支护结构对围岩的径向支护抗力较小，或者说对围岩提供的围压很低，虽然对三轴蠕变问题已有相当的研究，但是对低围压下的蠕变规律研究不足。

以上是岩石流变学研究中比较重要的几个问题，这些问题的解决将丰富和完善岩石流变学理论，同时能增强岩石学对工程实践的指导作用。因此，对这些问题的研究具有重要的理论意义和工程价值。

1.4 研究内容与研究方法

本书针对以上问题，通过选择适当的试样，改进试验条件，使试验中的岩石应力-应变状态尽可能与实际问题相同(或接近)，对这些问题进行试验研究。试验将采用课题组自行研制的岩石流变扰动效应试验仪及从美国引进的 MTS815 伺服控制刚性试验机，对岩样进行大量的试验。试验类型包括常规蠕变试验和蠕变扰动效应试验，在试验基础上，分析岩石的流变力学性质、规律和蠕变扰动效应，进而初步建立岩石的蠕变及其扰动效应理论，为工程实际提供指导。

1.4.1 主要研究内容

(1) 岩石静态单轴和压缩蠕变试验

此类试验一方面可以揭示岩石的基本流变规律，另一方面可以作为岩石蠕变扰动效应试验的基础。

(2) 岩石的压缩蠕变扰动效应试验

通过进行此类试验，获得岩石介质在压缩蠕变状态下对工程扰动力的响应特征，以及岩石在扰动状态下蠕变的基本规律。

(3) 岩梁的弯曲蠕变试验及其扰动效应试验研究

通过进行此类试验，探讨一次加载与分级加载条件下岩石的蠕变规律，分析岩梁在连续扰动荷载、间隔重复扰动荷载以及在弯曲强度极限邻域内的扰动荷载作用下，弯曲蠕变在不同阶段对扰动效应的响应特征。

(4) 初步提出扰动效应的基本理论

岩石是典型的非均质材料，材料单元即使在均匀荷载下，其应力场也必然是复杂和不均匀的。但是，在无扰动力的条件下，任一状态(应力不太高时)都是稳定的。岩石的稳态流变是在某种扰动力作用下岩石的状态由一种稳定状态向另一种稳定状态演变的宏观表象，这种过程持续发展至形变累积超过某个临界值而导致岩石的破坏。本书在岩石扰动蠕变试验的基础上，对扰动蠕变规律进行分析，为发展扰动蠕变的基本理论打下基础。

1.4.2 研究方法

本书主要采用室内试验的方法对上述问题进行研究，并根据试验结果对岩石的静态蠕变以及蠕变扰动效应规律进行系统的分析。

2　岩石单轴压缩蠕变试验研究

众所周知，试验工作是描述岩体（岩石）蠕变力学特性的主要手段，它具有能够长期观察、可严格控制试验条件、能排除次要因素、重复次数多和耗资较少等特点。这些试验结果揭示了岩体（岩石）在不同受力条件下具有不同的蠕变特性，为深入开展岩体（岩石）蠕变特性研究奠定了基础。为了建立描述某种材料主要力学性能的模型，通常要进行几种特征试验，通过这些试验发现在某些特定情况下起关键作用的力学性质。在进行岩石力学试验时，施加在岩石上的荷载并非是完全静止的，从这个意义上来说，准静态加载与动态加载没有根本的区别，而仅仅是加载速率的范围不同。当加载速率（应变率）在 $10^{-6}\sim10^{-4}$/s 范围内时，均认为属于准静态加载；大于这个范围，则认为是动态加载。因此，在准静态加载试验中得到的岩石强度与应变率有关的结论，在动力加载试验中仍然是成立的。

最简单的特征试验是采用圆柱形试件进行的单轴压缩试验。岩石单轴压缩试验是研究岩石力学性质最基本、最重要的试验，也是应用最广泛的试验。此类试验可以为建立岩石的各种模型提供最基本的信息，诸如岩石的强度特征、变形特征以及基本的力学参数等。岩石单轴压缩试验结果既可直接为工程设计提供依据，同时也是研究复杂应力状态下岩石响应特征的基础资料。因此，本书首先进行该类试验，这样既可以进一步研究单轴应力条件下岩石变形破坏的诸多特征，也可以为后续试验研究提供基础性的参考。

岩石单轴压缩常规试验在山东科技大学资源与环境工程学院实验中心的MTS815伺服控制刚性试验机上进行，岩石单轴压缩蠕变试验则在高延法教授等研制的重力加载式扰动流变仪上进行。

试验拟采用的岩石试件岩性有两种：一种为含油泥岩，采自山东能源龙口矿业集团有限公司北皂煤矿－350水平；另一种为红砂岩，采自山东省莱州市。试件形状均为圆柱体，直径 50 mm，高度 100 mm，为保证岩石试件物理特性的一致性，采用声波检测滤定系统对试验采用岩样进行筛选。

2.1 岩石声波速度测试试验与分析

岩石中纵横波的传播速度是岩石物理力学性质研究的重要基础性参数。岩石声波速度测试由于其本身具有的优势，在岩石工程中得到广泛应用。通过声波速度测试能够得到大量岩石动弹性力学参数，以及岩石内部的结构、构造特征数据等，可以进一步分析岩石动弹性力学参数之间的关系，以及地质因素对它们的影响规律。岩石介质的离散性，以及试件加工过程中外界的扰动，可能造成各个试件力学性质有较大的差异，从而影响试验结果的可比性和一致性。在进行岩块声波测试时可以将波速离散性较大的试件剔除，以保证试件性质的均匀性和一致性，使试验结果具有可比性，这样，在对试验数据进行统计和对比分析时才具有实际意义。

2.1.1 岩石声波速度测试原理

一般说来，针对岩石声波速度的测量，最简单的试验办法就是利用岩石试件长度和声波在岩石试件中的传播时间来计算岩石声波速度。要达到这一测量目的，需要有激发声波信号的探头和接收声波信号的探头等仪器，再利用游标卡尺测定岩石试件的长度，就可以实现岩石声波速度的获取。

如图 2-1 所示，声波从激发探头出发到接收探头，所经历的总时间为 T，这个时间就是通过示波器显示的波至到时记录的时间。声波从激发探头到接收探头，在仪器中要有一个耗时 T_0，它也可称为仪器的自耗时或测量系统的零延时。根据图 2-1，我们可以理解为接收探头距离岩样还有一段距离，而声波要走完这段距离所需要的时间就是 T_0。T 为包括仪器自耗时 T_0 和声波在岩石中的实际走时 T_1 的总时间。上述几个时间参数中，只有 T_1 反映了岩石的声波传播特性，因此，需要在数据处理阶段，将 T_0 从示波器所记录的时间 T 中去掉，以便获得声波在岩石试件中的实际走时 T_1。求取 T_0 的过程实际上就是对仪器的标定过程。

获得声波在岩石试件中的实际走时 T_1 之后，就可以根据式(2-1)计算出声波在岩石试件中的传播速度。

$$v = \frac{L}{T_1} \tag{2-1}$$

式中 v——声波传播速度，m/s；

L——岩石试件长度，m；

T_1——声波在岩石试件中的实际走时，s。

获得了岩石试件的纵横波速度后，就可以根据下列公式分别计算岩石的体

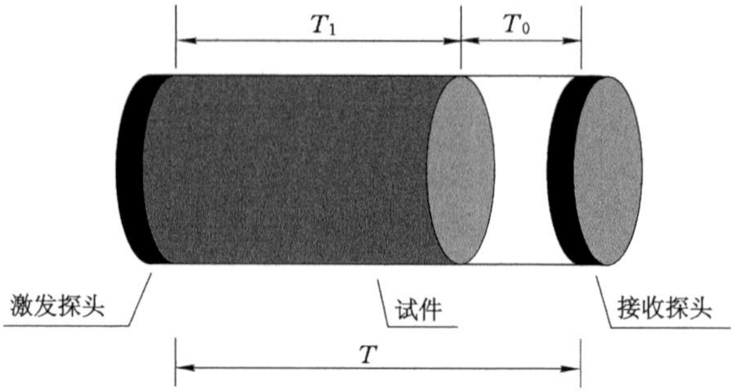

图 2-1　岩石声波速度测试原理示意图

积模量、剪切模量、弹性模量和泊松比等相关弹性力学参数。

$$K = (v_P^2 - \frac{4}{3}v_S^2)\rho \tag{2-2}$$

$$G = \rho v_S^2 \tag{2-3}$$

$$E = \rho v_S^2(3v_P^2 - 4v_S^2)/(v_P^2 - v_S^2) \tag{2-4}$$

$$\mu = (v_P^2 - 2v_S^2)/(2v_P^2 - 2v_S^2) \tag{2-5}$$

式中　K——岩石的体积模量，N/m^2；

G——岩石的剪切模量，N/m^2；

E——岩石的弹性模量，N/m^2；

μ——岩石的泊松比；

v_P——岩石中的纵波速度，m/s；

v_S——岩石中的横波速度，m/s；

ρ——岩石的密度，kg/m^3。

2.1.2　岩石声波速度测试结果

声波测试采用的仪器设备主要有岩石声波检测仪、纵波横波换能器、横波测试夹具、游标卡尺以及钻石机、锯石机、磨石机与车床等。

试验前，首先开启计算机、示波器等设备，然后将接收换能器和激发换能器分别置于标准试件的两端面，检查仪器各部分正常之后，开启仪器总电源、控制电源，使仪器处于工作状态。此时，调节示波器上的各项参数，在示波器上将通过试件的最佳波形展示出来。这时，只要确认声波波形的波至位置，就可以在示波器上读出声波从激发探头到接收探头的总时间 T。而为了确定仪器自耗时 T_0，需要测定声波在有机玻璃标准试验棒中的传播时间，并绘制时距曲线，进而确定仪器自耗时 T_0。

声波测试采用含油泥岩和红砂岩两种岩样。根据《岩石物理力学性质试验规程第 24 部分：岩石声波速度测试》(DZ/T 0276.24—2015)，试件宜采用岩芯或岩块制样，取样和制样过程中试样不应有人为裂纹；试验以圆柱体作为标准试件，直径宜为 48～54 mm，高径比宜为 2.0～2.5。试验时采用高约 100 mm、直径约 50 mm的圆柱体试件作为标准试件。为了保证试件的一致性，同一组试件应在同一块大岩块上密集钻取。试件加工完成后，先剔除表观上存在裂纹、层理、条纹等缺陷的试件，筛选出均匀性、一致性较好的试件作为标准试件。为了保证试件的加工精度，试件制作完成后，沿试件整个高度的直径允许偏差为±0.3 mm；将两端面仔细磨平，使两端面不平行度误差允许偏差为±0.05 mm，端面不平整度误差允许偏差为±0.02 mm；端面应垂直于试件轴线，其允许偏差为±0.25°。

由于本次声波测试的目的是对岩石单轴压缩及蠕变试验采用的试件进行筛选，并且试件的加工精度较高、几何尺寸统一性较好，因此，本次试验可以直接利用声波的传播时间作为试件筛选参数，而无须计算岩石的弹性波速、动泊松比、动弹性模量以及动剪切模量等其他动弹性力学参数。表 2-1 为含油泥岩和红砂岩部分试件的声波速度测试结果。从该表可看出，两种试件声波传播时间离散性较小，含油泥岩试件的平均纵波传播时间为 146.5 μs，平均横波传播时间为 80.3 μs，而红砂岩试件的平均纵波传播时间为 76.5 μs，平均横波传播时间为 35.2 μs。

表 2-1　含油泥岩和红砂岩部分试件声波测试结果

含油泥岩试件				红砂岩试件			
编号	L/mm	t_P/μs	t_S/μs	编号	L/mm	t_P/μs	t_S/μs
1	100.4	147	84	1	99.8	77	38
2	100.2	146	83	2	99.6	78	35
3	100.5	149	85	3	99.7	77	36
4	99.5	144	82	4	100.6	78	35
5	99.8	147	73	5	99.7	76	33
6	100.2	146	77	6	99.4	76	35
7	99.7	149	81	7	100.4	77	35
8	99.2	147	83	8	100.2	76	33
9	100.3	145	77	9	99.8	75	37
10	100.2	146	79	10	100.1	77	38
11	99.7	144	77	11	99.7	74	33
12	100.0	148	83	12	99.8	77	34
平均	100.0	146.5	80.3	平均	99.9	76.5	35.2

注：L—试件长度；t_P—纵波在试件中的传播时间；t_S—横波在试件中的传播时间。

2.2 岩石单轴压缩常规试验与分析

岩石的压缩蠕变是指岩石在轴向压缩状态下表现出来的变形随时间增长而变化的力学状态。由于目前试验设备难以做到使围压较长时间内保持恒定，同时考虑隧洞开挖后围岩径向应力释放、三向应力作用减弱的情况，在室内较多进行岩石单轴压缩条件下的蠕变试验，单轴蠕变试验的结果可以满足工程设计和施工的要求。本章进行岩石单轴压缩常规试验基于两个方面的考虑：一方面，岩石的全应力-应变曲线可表现岩石变形破坏最为基本的力学特征，由此可以得到岩石受准静态荷载压缩时的主要力学性质，这是建立岩石力学模型不可缺少的试验依据，同时与岩土工程的稳定性密切相关；另一方面，可以利用此类试验所揭示的岩石响应估算蠕变试验中变形初期试件的形变，从而为蠕变试验的加载方式提供依据。

2.2.1 含油泥岩单轴压缩试验

岩样的采集地点位于山东能源龙口矿业集团有限公司北皂煤矿－350 水平大巷，用 ϕ150 mm 的取芯钻头沿水平方向钻孔，钻进至 10 m 深度后进行取芯。为了避免水分丢失等外部环境对岩芯的影响，在井下采样点将钻取的岩样表面擦拭干净后，立即用塑料薄膜包裹好，并尽快将包装好的岩样带上井后做浸蜡封固处理。将岩样运回实验室后，加工成直径约 50 mm、高约 100 mm 的标准试件共 12 个。经声波速度测试得到，其纵波传播时间在 144～149 μs 之间，横波传播时间在 73～85 μs 之间。从中选取传播时间相近的 6 个试件，取其中 3 个为一组，用来在 MTS815 伺服控制刚性试验机上进行单轴压缩常规试验；另外 3 个为一组，用来做单轴压缩蠕变试验。为获得较完整的应力-应变全过程曲线，单轴压缩试验采取控制应变速率的方式加载，即采用位移反馈控制方式，保持压力机的压力端头位移速率为常量，即保持应变速率为常量，同时记录产生这一形变所需要的压力，从而得到材料的响应特征。试验时采用的位移速率为 0.006 7 mm/s，即应变速率为 $6.7\times10^{-5}\,s^{-1}$，测得试件 N-1、N-2、N-3 的全应力-应变曲线如图 2-2 至图 2-4 所示。

在图 2-2 至图 2-4 中，单从 3 个试件的单轴抗压强度 σ_c 比较情况可以看出，N-1 试件的单轴抗压强度 σ_c 为 11.5 MPa，N-2 试件的 σ_c 为 10.6 MPa，N-3 试件的 σ_c 为 10.8 MPa，3 个试件的单轴抗压强度 σ_c 比较接近，其平均值为 10.97 MPa。3 个试件的单轴抗压强度 σ_c 与其平均值的差值比分别为 4.83%、－3.37%、－1.55%。从该指标来说，试件的单轴抗压强度离散程度不大，可以

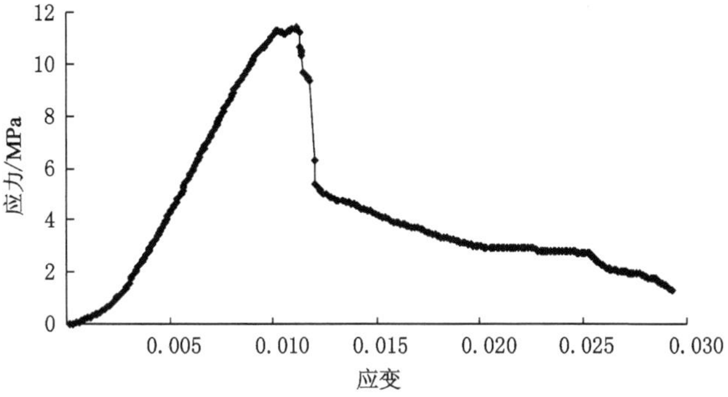

图 2-2　含油泥岩试件 N-1 全应力-应变曲线

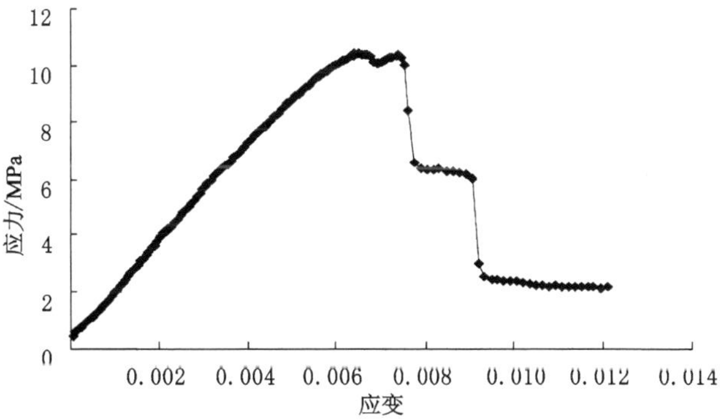

图 2-3　含油泥岩试件 N-2 全应力-应变曲线

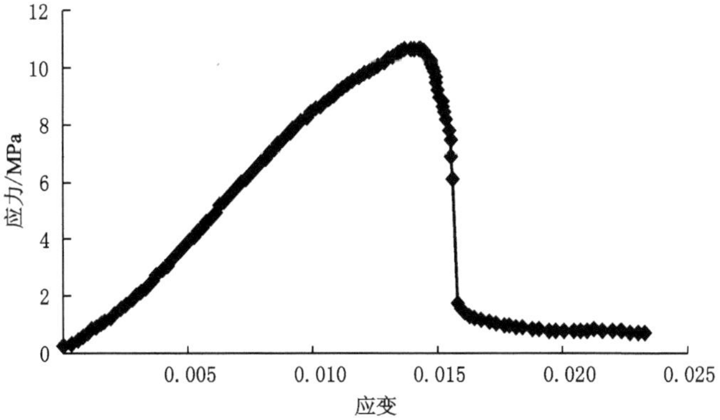

图 2-4　含油泥岩试件 N-3 全应力-应变曲线

用来进行岩石蠕变及扰动试验规律研究。

另外，从3个试件的极限应变比较情况来看，其值相差较大，其中，N-1试件的极限应变为1%，N-2试件的极限应变为0.63%，N-3试件的极限应变为1.4%。从该指标来说，其离散程度大，由于蠕变及其扰动效应试验主要研究岩石变形的时效性，因而含油泥岩不适合用来进行蠕变试验研究。

2.2.2 红砂岩单轴压缩试验

红砂岩岩样采自山东省莱州市，其外观呈褐红色，主要由粒屑和填隙物组成，铁染现象明显；结构复杂，多属于黏土类，以泥质、钙质胶结物为主，基底式胶结；化学成分主要以SiO_2、AI_2O_3、Fe_2O_3、CaO、K_2O、MgO、TiO_2、Na_2O等为主。从表观看，红砂岩属细粒结构，质地细腻均匀，无层理、条纹与裂纹，完整性及均匀性良好。

依据试验规程，将红砂岩岩样加工成直径约50 mm、高约100 mm的圆柱体标准试件，共计36个。经声波速度测试得到，各试件纵波传播时间在74～78 μs之间，横波传播时间在33～38 μs之间。从中选取传播时间相近的9个试件，取其中3个为1组，用来在MTS815伺服控制刚性试验机上进行单轴压缩常规试验；另外6个为1组，用来做单轴压缩蠕变试验。单轴压缩常规试验方法同前，通过试验测得的3个试件的全应力-应变曲线如图2-5至图2-7所示。

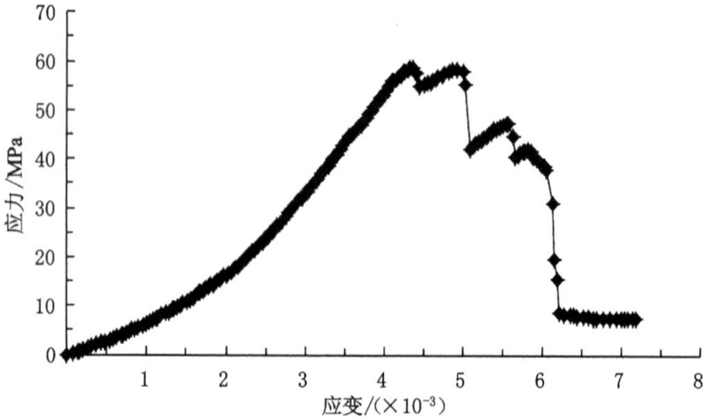

图2-5　红砂岩试件H-1全应力-应变曲线

从图2-5至图2-7可以看出，H-1试件的单轴抗压强度σ_c为58.87 MPa，H-2试件的σ_c为58.96 MPa，H-3试件的σ_c为61.44 MPa，3个试件的单轴抗压强度比较接近，其平均值为59.76 MPa。各试件的单轴抗压强度与其平均值的差值比分别为－1.49%、－1.34%、＋2.81%。3个试件的极限应变分别为

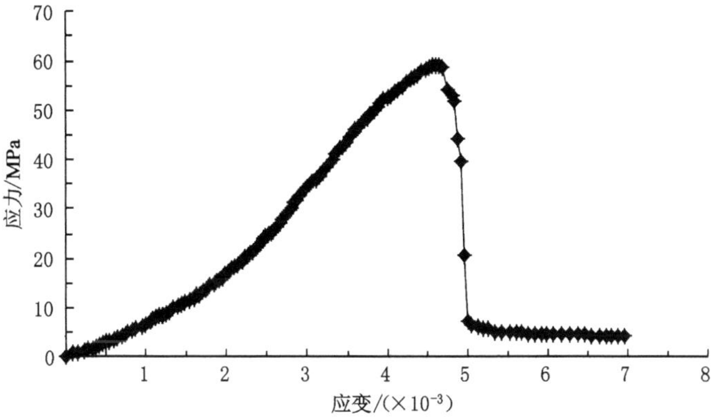

图 2-6　红砂岩试件 H-2 全应力-应变曲线

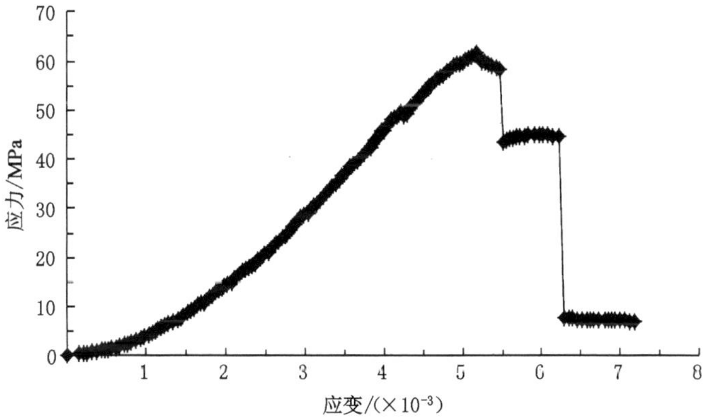

图 2-7　红砂岩试件 H-3 全应力-应变曲线

0.43%、0.45%与0.51%，平均值为 0.46%左右。根据试验结果，由于对该批试件进行了严格的筛选，试件的可重复性较好，适宜用来进行蠕变及其扰动规律的研究。

2.3　岩石单轴压缩蠕变试验与分析

流变性质和时效特征是岩石材料的固有力学属性，已有的研究结果表明，在许多岩石中都存在流变现象，甚至坚硬的岩石如大理岩和花岗岩等也具有流变特征。流变性质和时效特征也是用以解释和分析地质构造运动现象和进行岩体工程长期稳定性预测的重要依据。随着岩体工程规模的扩大以及采矿工程向深部的推进，岩石流变性质的研究与工程应用越来越得到重视，有关岩石材料流变性态的资料和成果也日渐丰富和完善[108-125]。但是，单轴压缩条件下已有的岩石蠕变的研究结果大部分是关于轴向的，虽然在单轴压缩情况下岩石的侧向蠕变比轴向更显著，侧向蠕变速率随应力的增加也比轴向更迅速，却少有关于侧向效应的详细研究成果。另外，弹性模量和泊松比是岩石材料的两个重要力学参数，对这两个参数的时间效应和应变率效应的研究较多，而对其变形效应则研究较少。为此，以上述所选的红砂岩作为岩石试样，进行单轴压缩条件下岩石蠕变的室内试验，以尝试研究该问题，并为蠕变扰动效应试验取得基础蠕变数据。试验采用的设备和器材主要有重力加载式扰动流变仪、静态电阻应变仪、常温电阻应变片、补偿块、温湿度计等。

2.3.1 重力加载式扰动流变仪简介

重力加载式扰动流变仪主机部分如图 2-8 所示，利用该设备可以进行岩石单轴和假三轴条件下静载蠕变和动力扰动蠕变试验。

图 2-8 重力加载式扰动流变仪照片

重力加载式扰动流变仪采用偏心轮式扩力加载系统进行加载，其扩力比稳定在 120，误差小于 4‰，采用重力驱动可实现任意长周期内的恒定加载，完全满足流变试验的要求。采用应变式荷载测量系统，标定测量精度为 0.1 kN。静载蠕变试验的加载方式为重力式加载，根据试验要求将砝码加至承载盘，通过大直径轮曲轴扩力系统将荷载传递到上承压板。砝码质量分别为 5 kg、10 kg、20 kg。重力式加载能保持荷载在任意长时间内稳定，可克服电液伺服等加载波动对形变的影响，使蠕变试验结果更符合“应力为常量”的条件。扰动蠕变试验为在某静载蠕变状态下再叠加动力扰动，从而观测扰动对蠕变试验的影响。扰动荷载可以通过两种方式施加：一是在上承压板的传力连杆上套装一定质量的扰动块，使扰动块在设定的高度自由下落而冲击上承压板，通过承压板将冲击扰动传递至试件，由于扰动块的冲击未经过扩力系统，因而能保证冲击荷载与静载相比是微小的“扰动”；二是在下承压板中部位置预设一个空腔作为爆破腔，在爆破腔内引爆雷管等爆炸物来模拟爆破扰动。重力加载式扰动流变仪的构造如图 2-9 所示。

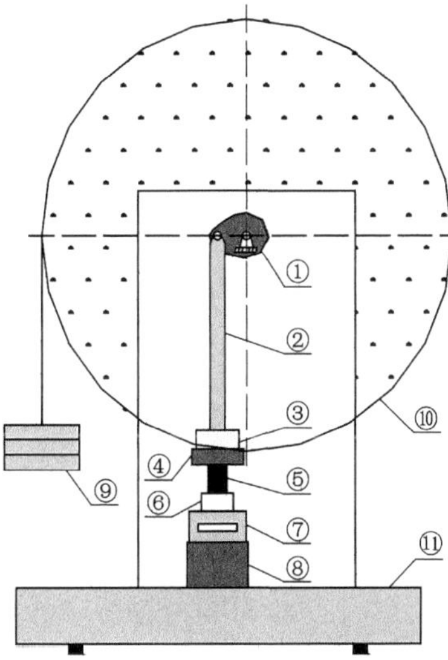

①—偏心轮；②—连杆；③—扰动块；④—上承压板；⑤—试件；⑥—压力盒；
⑦—爆破腔；⑧—下承压板；⑨—砝码；⑩—人轮；⑪—底座。

图 2-9 重力加载式扰动流变仪构造示意图

进行三轴静载蠕变试验时，试件承受的围压可通过三轴箱内的双层圆柱状胶囊施加。两层胶囊在其轴向的端部进行密封，使两层胶囊间形成密闭空间，胶囊外部连接氧气瓶。由于两层胶囊间容积较小，并且密封性能很好，可通过调节氧气瓶的供气阀门达到试验时所需要的围压，并保持长期稳定。

2.3.2 加载方式

岩石蠕变试验的加载方式主要有 3 种，即单级加载法、分级加载法、分级增量循环加卸载法，如图 2-10 所示。单级加载法，即在恒定应力作用下，对同一组岩石试样进行不同应力水平的蠕变试验，观测岩石试样蠕变变形与时间的关系；分级加载法，即在施加某一应力后观测岩石试样的蠕变变形，一般在观测一定时期或者岩石蠕变基本趋于稳定后，再施加下一级应力并观测岩石试样的蠕变变形，以此类推，直至岩石试样破坏；分级增量循环加卸载法，即在分级加载法的基础上，当岩石试件在每一级应力作用下变形基本稳定后，进行卸载并观测岩石试样的滞后弹性恢复，待无滞后弹性恢复时，再施加下一级应力。

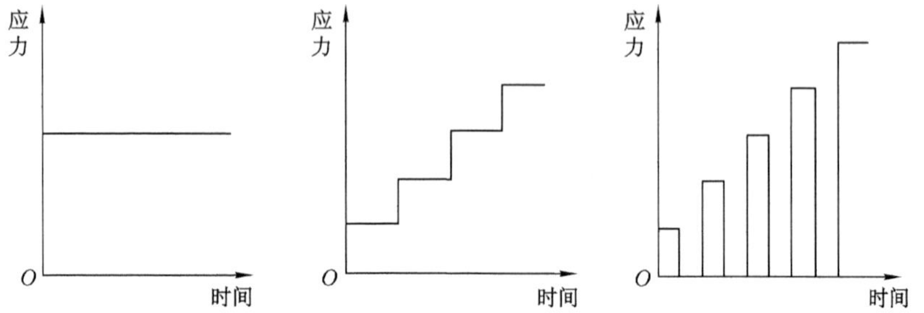

（a）单级加载法　（b）分级加载法　（c）分级增量循环加卸载法

图 2-10　蠕变试验加载方法示意图

单级加载法可以直接得到单一应力级别下的蠕变全过程曲线，若想得到不同应力水平下的蠕变全过程曲线，则需要用若干组完全相同的试件在相同仪器、相同试验条件、不同应力水平下分别进行试验。这种完全相同的试验条件不易保证，且试验耗时很长、得到的成果较少。通常而言，分级加载法可以避免试件的离散性对岩石蠕变的影响，且可在同一试件上观测到不同应力水平的变形规律，可大大节省所需试件和试验仪器。但这种方法上一级加载的应力会对岩样造成不同程度的损伤，且随着应力水平的逐级增大，这种损伤会有增加的趋势。采用单级加载方式可以避免前期加载历史的影响，但难以避免岩石材料的非均质性对蠕变试验结果的影响。分级增量循环加卸载法吸取了分级加载法的优点，并且在试验过程中可观测到岩石的滞后弹性恢复，测得其残余变形，能全面地反映岩石蠕变的加卸载过程。但这种方法同样不能避免前期加载历史的影响，并且其试验时间比分级加载方法增加很多，因此目前应用不多。

目前，对岩石蠕变力学特性进行试验研究，采用较多的加载方法是分级加载法，通过试验可得到不同应力水平下的岩石蠕变曲线。因此，本次试验的加载方式也采用分级加载方式，该方式对拟施加的各级荷载按岩石单轴抗压强度分为若干等级，然后对同一试件由小到大逐级施加荷载，每级荷载的加载速率取为 0.5～1.0 MPa/s，每级荷载持续加载时间约为 2 d，之后施加下一级荷载。试验时荷载的增加通过增加砝码的方式实现，安放砝码时，为防止对试件的振动干扰，应先将传力机构锁住，至加载到预定荷载时再慢慢将锁定机构松开。

试验时在接触荷载和第一级荷载范围内预先调平试件，使试件对径方向的两个纵向应变片的应变尽可能接近，以保证试件受力均匀。每级荷载加载完成后，应立即读取应变值，作为该级荷载试件的瞬时应变，之后的 1 h 内分别按 5 min、10 min、15 min、30 min、45 min 的时间间隔记录 1 次应变值，再后则大致分别按照 1 h、2 h、4 h、8 h 的时间间隔记录 1 次应变值。

在进行单轴压缩试验时，试件端面摩擦对试验结果具有显著的影响。因此，在安装试件时应采取下述措施减少端面摩擦的影响：

(1) 在试件两端和流变仪承压板之间加设刚性垫块，垫块直径与试件基本相同，高度大于试件高度的一半。将垫块上下端面抛光，并对垫块进行热处理以增加其刚度。

(2) 在试件和刚性垫块之间敷设双层塑料薄膜，并在两层薄膜之间均匀地涂一薄层黄油，这样既可以起到润滑试件端面作用，又可以阻止油液向试件内部渗透。

另外，由于蠕变试验的周期较长，环境温度与湿度对试验结果的影响不容忽视。为了保证试验结果的可靠性，在实验室中配备空调机和加湿器，使每组试件的试验在相同的温度、湿度环境条件下完成。同时，在试件加工完成后，对每一试件进行密封处理，在试件表面包裹一层塑料薄膜，并用电吹风进行烘烤，使薄膜密实贴在试件的表面，以保证试件的含水量基本不变。

2.3.3 应变测量方法与要求

采用电阻应变片法测量试件的应变。试验数据采集采用秦皇岛爱伏特电子科技有限公司生产的 AFT-CM-10 型静态电阻应变仪，如图 2-11 所示；电阻应变片型号为 BSQ120-10AA，规格参数如表 2-2 所示。在试件轴向中部位置沿直径方向选定互相垂直的两对面，以相对面为一组，分别粘贴轴向、横向应变片各 1 片，粘贴方式如图 2-12 所示。

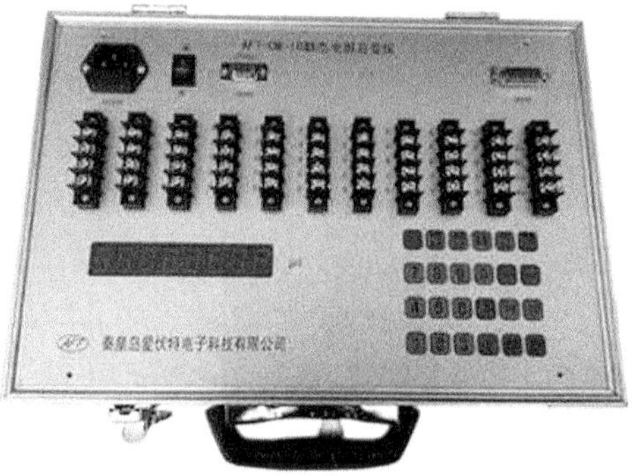

图 2-11 静态电阻应变仪

表 2-2　电阻应变片规格

型号	电阻/Ω	灵敏系数/%	栅尺寸(长×宽)/mm	基底尺寸(长×宽)/mm	精度等级
BSQ120-10AA	120±0.1	2.08±1	10.1×2.9	15.0×5.0	A

图 2-12　应变片粘贴方式

从电阻应变片测量应变的基本原理可以看出，采用的应变片本身的质量和粘贴质量对测量结果影响很大，这是整个试验过程中的一个重要环节，是关系测量结果可靠度与试验成败的关键。为保证应变片粘贴质量和测量结果准确，要求如下：

(1) 应变片选择。为确保应变片的质量，应先筛选出表面平整且光滑，基片与覆盖层贴合良好，没有气泡或开裂，没有明显折痕的应变片，再用数字万用表测量每一片的电阻值，从中选出电阻值相差小于±0.1 Ω 的应变片以供试验使用。

(2) 处理试件表面。试件粘贴表面的质量对于应变片的粘贴效果有很大影响，进而影响应变测量的准确性。应首先在试件轴向中部拟贴片处，沿互相垂直且与轴向呈 45°的方向用零号砂纸对试件表面进行打磨，然后用脱脂棉球蘸些许酒精沿同一方向擦洗贴片处，直至棉球上看不到污迹为止，稍干后在预定贴片处划出十字，划线深度要适中，标定应变片粘贴位置。

(3) 粘贴应变片。应变片粘贴使用的胶粘剂选用 502 快干胶，主要成分为氰基丙烯酸乙酯。首先在试件预定贴片处及应变片底面均匀地涂一薄层 502 胶液，等待片刻后，用镊子将应变片安置在试件预定位置，并在应变片引线下垫一层塑料薄膜，以防止引线被粘住。然后在应变片表面覆上一层塑料薄膜，用拇指沿同一方向轻轻滚压 1 min，挤出多余胶液和气泡，尽量使应变片在预定位置粘贴密实。在室温环境(约 20 ℃)下，应变片表面介质汽化后会产生少许气泡，微小气泡的形成、破裂会引起应变片位置的漂移，从而影响粘贴质量，造成应变测量值不稳定。为避免上述现象，待 502 胶液硬化凝结后，需要在应变片表面施加改性丙烯酸酯胶黏剂做密封防护处理，以保证应变片的性能稳定。

(4) 导线焊接与固定。由于流变试验的时间较长，测量导线的焊接与连接就显得十分重要。焊接导线前，应在导线和应变片引线端部敷上锡层，并保证焊接操作要迅速，以防止烧坏应变片。应变仪测量的是应变片的电阻随试件变形的变化值，而这一变化值是相当小的，一般不超过 1%。这样，在长时间的试验过程中，导线焊接和连接中的任何瑕疵都可能引起比应变片电阻变化值大得多的阻值变化，因此，电路连接的每一个环节都要仔细，以保证其长期稳定可靠。

(5) 应变片检查。在焊接好应变片后，应对其进行质量检查，包括初始电阻值及绝缘电阻值，敏感栅的中线是否与测点方位线重合等。应保证初始电阻值基本上无变化，绝缘电阻值应大于 100 MΩ，敏感栅的中线与测点方位线的偏差应小于 5°，并记录下偏差角，以便对测量数据进行修正。

(6) 按半桥单臂接桥法将各应变片的引线分别连接到已标定好的应变仪的 A、B 接线柱上，把温度补偿片的两条引线分别接到 B、C 接线柱上，即可进行加载测量。

对于所有电阻应变片来讲，温度的变化均会引起其性能的改变，为了合理消除温度变化引起的误差，在测试中接入温度补偿片。将与试验所用应变片同型号、同规格的应变片，使用相同的胶黏剂和相同的固化处理工艺，粘贴在与试件材料相同而不受应力的补偿块上。将补偿片置于工作片旁边，使其处于与工作片相同的温度环境中，补偿片的连线分别接入电桥的相邻臂。如果工作片与补偿片所受温度相同，那么其温度特性也相同，温度变化引起的热输出也相同，二者的热输出可以在桥路内相互抵消，从而可消除测量误差。

2.3.4　试验结果与分析

2.3.4.1　*岩石蠕变破坏方式*

根据前述岩块声波速度测试结果，筛选出 6 个均匀性、一致性较好的红砂岩试件用于做单轴压缩蠕变试验，试件高约 100 mm、直径约 50 mm。图 2-13 所示为红砂岩试件的典型破坏形态，从图中可以看出，岩石试件的最终破坏面方位介于劈裂破坏和剪切破坏之间。但从破坏过程看，岩石破裂初期出现的宏观裂纹基本上都是纵向裂纹，属于劈裂破坏方式。之后一段时间宏观破裂面发生倾斜，并且在最终破坏时会产生大量的石粉，这表明破坏时破裂面处发生了剧烈的剪切摩擦，分析其原因，可能是试件受力不均匀而使承压板滚动造成的。因此，单轴压缩荷载作用下的岩石蠕变破坏以劈裂破坏方式为主。

(a)

(b)

图 2-13　红砂岩试件破坏方式

从试验过程可以看出，在较低的荷载作用下，红砂岩试件在最终破坏前都有一个长短不一的平稳变形阶段即蠕变阶段。该阶段的长短(破坏时间)与加载速率(加载间隔时间)或加载荷载水平有密切关系，加载间隔时间越短即加载速率越大，或加载荷载水平越高，该阶段持续的时间越短，反之亦然。

2.3.4.2　*岩石轴向蠕变规律*

通过岩石单轴压缩蠕变试验，得到了 6 个红砂岩试件的蠕变曲线和应力-应变曲线，其中，图 2-14 与图 2-15 分别为试件 C-1 与 C-4 在分级加载条件下轴向变形与时间关系曲线，图 2-16 与图 2-17 分别为试件 C-1 与 C-4 在分级加载条件下轴向应力与轴向应变关系曲线(其余试件曲线从略)。

由 6 个红砂岩试件的轴向蠕变曲线和轴向应力-轴向应变曲线可知：

(1) 红砂岩试件在每级荷载加载瞬时均有一定量的瞬时弹性应变，瞬时弹性应变的量值及斜率与岩石材料的力学性质有关。

(2) 红砂岩试件在瞬时弹性变形之后首先进入蠕变速率逐渐减小的过度蠕变阶段，然后进入稳态蠕变阶段，持续一段时间后，当蠕变速率略有增大时即发生破坏，其加速蠕变阶段表现得并不明显。也就是说，红砂岩试件在分级加载蠕变过程中存在一个蠕变应力阈值，当施加应力小于该阈值时，蠕变很快衰减并趋于零，即只有第一阶段蠕变；而当应力大于该阈值时，蠕变逐渐趋于稳定，即产生第二阶段蠕变。蠕变应力阈值为瞬时单轴抗压强度的 45%～55%。施加最后一级荷载时虽然出现加速蠕变阶段，但是表现不很明显，蠕变曲线稍向

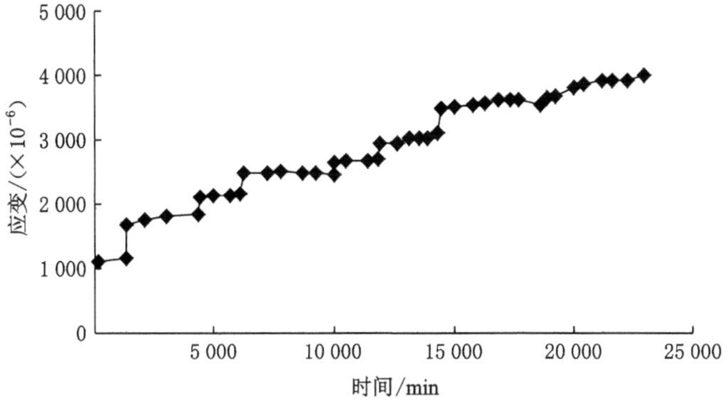

图 2-14 分级加载下红砂岩试件 C-1 轴向变形与时间关系曲线

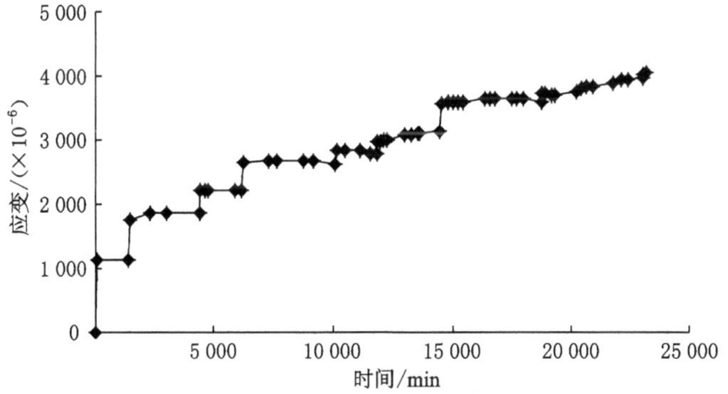

图 2-15 分级加载下红砂岩试件 C-4 轴向变形与时间关系曲线

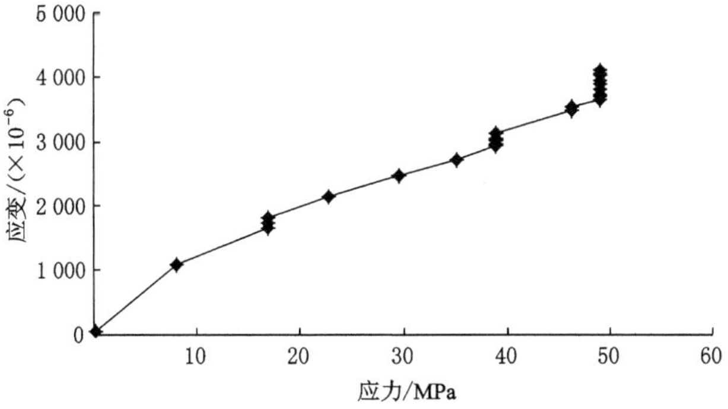

图 2-16 分级加载下红砂岩试件 C-1 轴向应力与轴向应变关系曲线

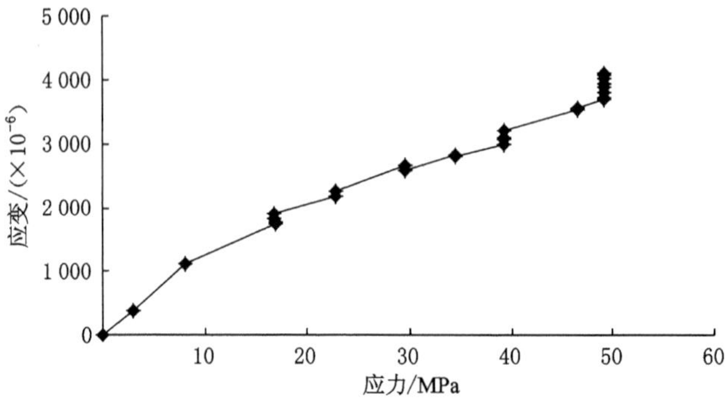

图 2-17　分级加载下红砂岩试件 C-4 轴向应力与轴向应变关系曲线

上翘曲后试件即发生破坏。

(3) 在整个加载过程中，红砂岩试件的蠕变速率经历了减小、稳定和增大三个阶段，各阶段的延续时间与所观测的岩石材料性质以及施加的荷载水平有关。其中，蠕变速率保持为常量的稳定阶段持续时间较长；表征材料即将破坏的蠕变速率增大阶段所延续的时间往往很短，一般在蠕变速率稍有增大后试件就发生破坏，反映在蠕变速率-时间曲线上，最终的曲线上翘段相当短。由于岩石为非均质和非连续性的材料，因此在稳定阶段蠕变速率出现上下略有波动的情况。

(4) 通过分析采用分级加载方式的 6 个试件的试验结果可以看出，红砂岩试件的强度具有较强的时效性，加载间隔时间越短，红砂岩试件的破坏荷载越大。同时，红砂岩试件强度的时效性还表现为破坏荷载(强度)与破坏时间密切相关，破坏时间越短，破坏荷载(强度)越高。这表明，受载时间越长，红砂岩试件所能承受的最大荷载越小。

(5) 随着荷载的增大，单位应力增量下的瞬时变形量(瞬时应变)呈减小趋势，而单位应力增量下的蠕变变形量(蠕变应变)则逐渐增大，如图 2-18 所示。若将每级荷载下的瞬时应力增量与瞬时应变增量的比值定义为该级荷载下的瞬时变形模量 E_i，则瞬时变形模量 E_i 有随应力增大而增大的趋势，如图 2-19 所示。

(6) 蠕变曲线初始应力较小阶段，对应岩石全应力-应变曲线的上凹阶段，该阶段瞬时变形模量增加较快；之后，对应岩石全应力-应变曲线的弹塑性阶段，此时瞬时变形模量的增长趋势变缓。若按常规试验取岩石的弹性模量 E_0 为 18 GPa，则各级荷载下瞬时变形模量 E_i 与岩石弹性模量 E_0 的比值变化曲线如图 2-20 所示。

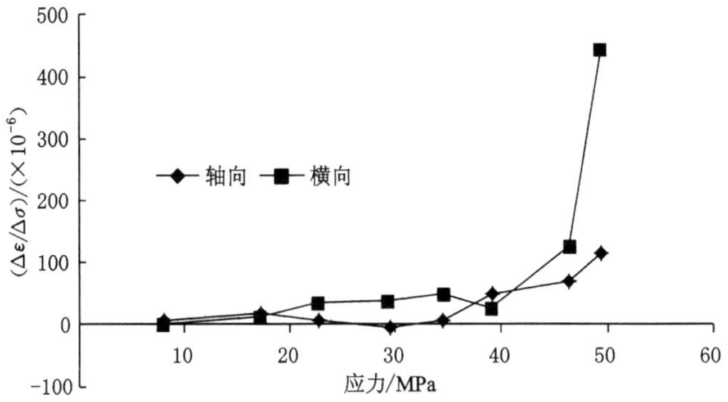

图 2-18　单位应力增量下的轴向蠕变应变变化曲线

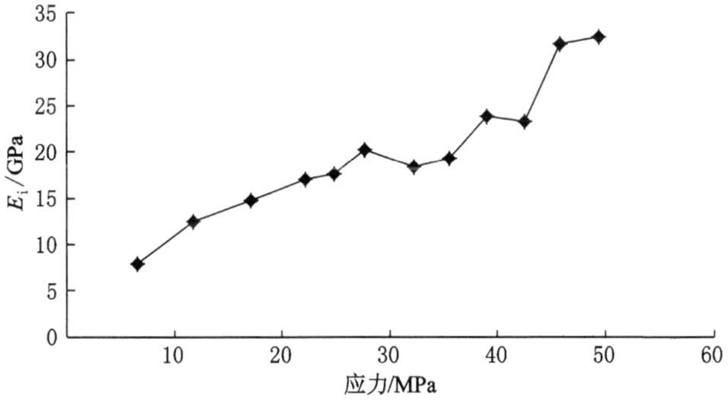

图 2-19　瞬时变形模量 E_i 变化曲线

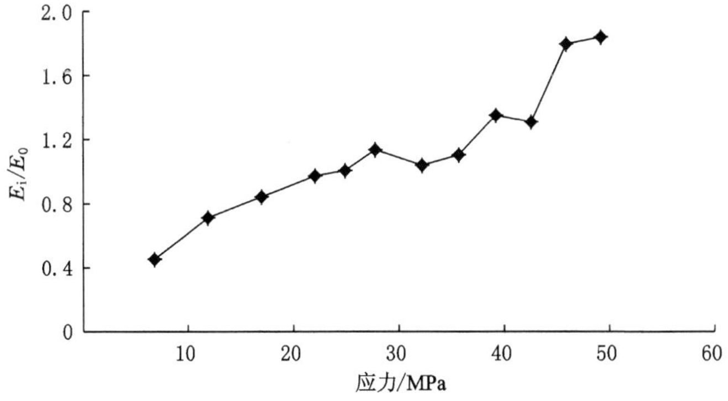

图 2-20　瞬时变形模量与弹性模量的比值变化曲线

2.3.4.3　岩石横向蠕变规律

由 6 个红砂岩试件的单轴压缩蠕变试验，得到了红砂岩试件蠕变变形规律。其中，图 2-21 与图 2-22 分别为试件 C-1 与 C-4 在分级加载条件下横向变形与时间关系曲线，图 2-23 与图 2-24 分别为试件 C-1 与 C-4 在分级加载条件下轴向应力与横向应变关系曲线(其余试件曲线从略)。

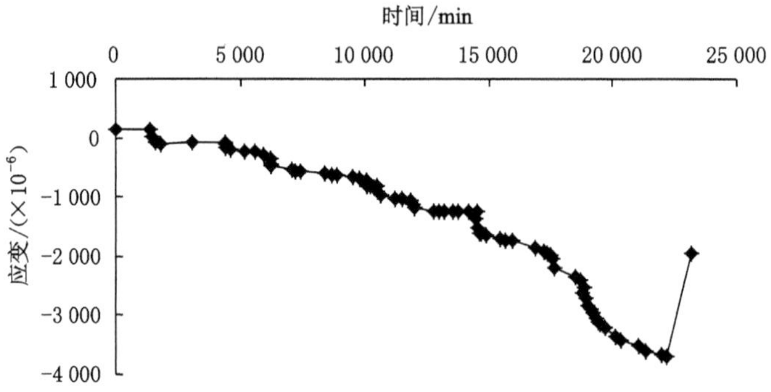

图 2-21　分级加载下红砂岩试件 C-1 横向变形与时间关系曲线

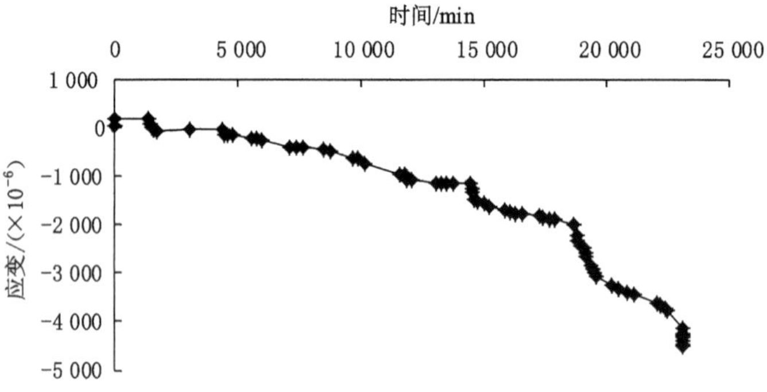

图 2-22　分级加载下红砂岩试件 C-4 横向变形与时间关系曲线

与轴向蠕变规律比较，红砂岩试件横向蠕变规律与其既有相似之处，也有自身的特点。

(1) 与红砂岩试件轴向蠕变规律相同，在每级荷载加载瞬时会产生一定量的横向弹性变形，而后出现蠕变变形。

(2) 横向瞬时变形与轴向瞬时变形特点相反，随着荷载的增大，单位荷载下的瞬时变形量呈增大趋势，如图 2-25 所示。

如将每级应力增量下的横向应变与轴向应变的比值定义为蠕变泊松比，则蠕变泊松比随应力增加的变化规律如图 2-26 所示。由该图可以看出，第一级荷

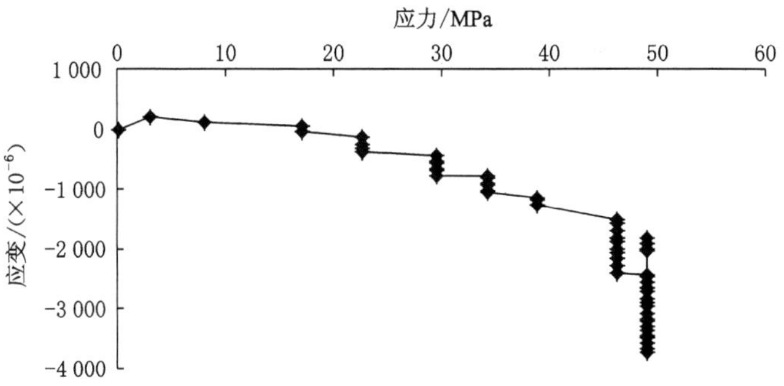

图 2-23 分级加载下红砂岩试件 C-1 轴向应力与横向应变关系曲线

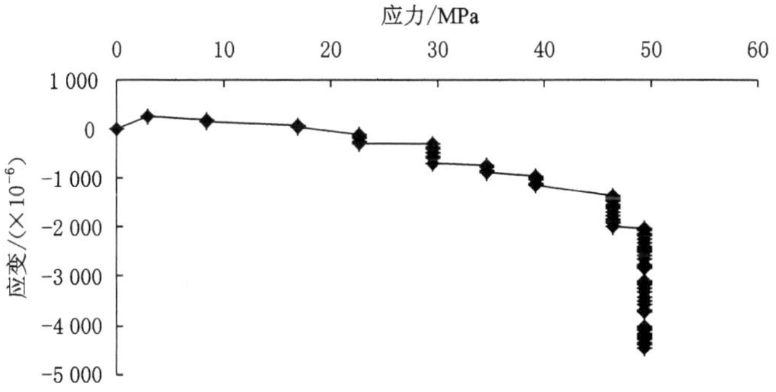

图 2-24 分级加载下红砂岩试件 C-4 轴向应力与横向应变关系曲线

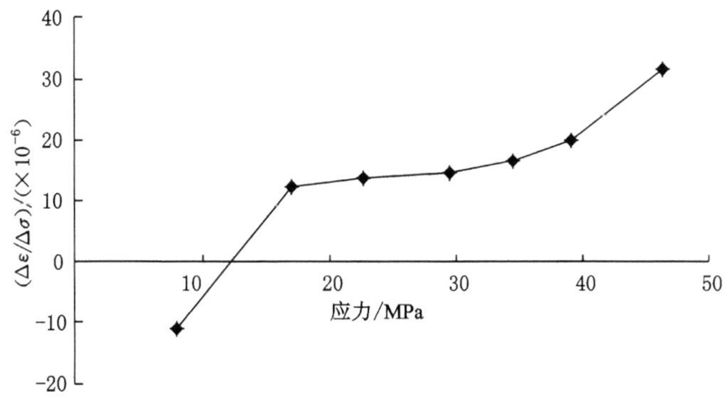

图 2-25 单位应力增量下横向瞬时应变曲线

载所对应的蠕变泊松比很小(仅为 0.000 6),第二级荷载下的蠕变泊松比也只有 0.12,这两级荷载对应全应力-应变曲线的第一阶段,即压密阶段,该阶段岩石横向变形量很小;之后,蠕变泊松比随应力增加而逐渐增大,至岩石出现宏观裂纹时达到 0.776,而常规试验测得的泊松比为 0.33 左右,岩石宏观破裂时蠕变泊松比为常规试验测得的泊松比的 2.35 倍。

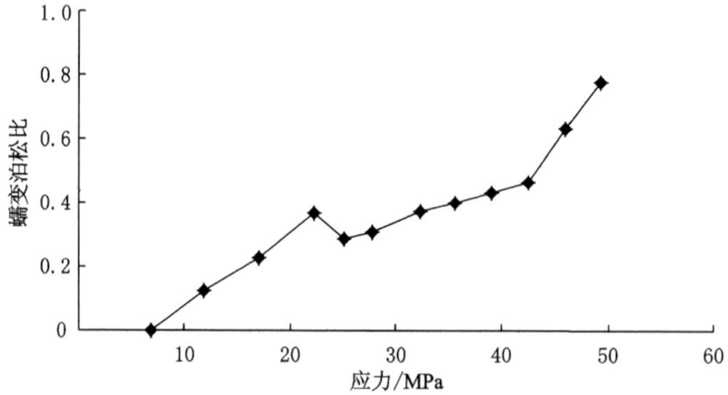

图 2-26　蠕变泊松比随应力变化曲线

(3) 与岩石轴向蠕变变形规律相同,单位应力增量的横向蠕变变形随应力的增加而增加,如图 2-27 所示。

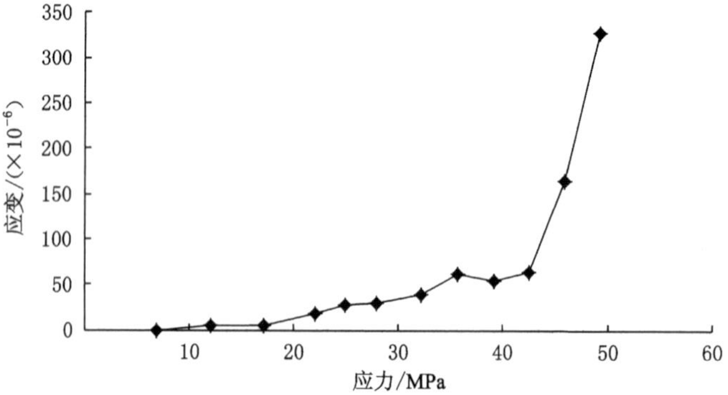

图 2-27　单位应力增量下的横向蠕变应变变化曲线

(4) 横向蠕变同样存在一个应力阈值,但该阈值低于轴向蠕变应力阈值,为轴向蠕变应力阈值的 60%～80%,这表明横向稳定蠕变阶段比轴向出现的要早。同时,在每一级荷载下岩石的横向蠕变速率均大于轴向蠕变速率,加载至最后一级荷载时,横向蠕变先进入加速蠕变阶段,横向蠕变速率增大,曲线出现翘曲。该阶段经过一段时间的发展后,试件横向变形变得极不均匀。其中一个应变片的读数开始不稳定,呈现波动下降形态;而另一个应变片的读数则呈现较快的上升趋势,当应变超过 0.6%时,横向蠕变速率迅速增大,试件表面出现几条轴向裂纹，此时试件并未发生宏观破坏，而轴向蠕变仍处于稳定蠕变状态。之后一段时间，从几小时到十几小时不等，轴向蠕变才由稳定蠕变进入加速蠕变阶段，这正如前所述，岩石的轴向加速蠕变阶段表现得不明显，蠕变曲线稍向上翘曲后试件即发生破坏。

2.3.4.4 岩石蠕变极限应变

由红砂岩试件的单轴压缩蠕变试验，得到了各个试件蠕变破坏时的应力与应变值。表 2-3 为 6 个试件蠕变破坏时对应的应力 σ_0、轴向平均应变 $\bar{\varepsilon}$、横向最大应变 ε_{max} 以及试件破坏持续时间 t_1 和最后一级荷载持续时间 t_2。因在蠕变破坏之前试件的横向变形极不均匀，两个横向应变片的应变值相差悬殊，横向应变的平均值已无意义，故表中只列出横向应变的最大值，该应变值与轴向裂纹的产生相对应。

表 2-3 岩石破坏时的极限应变和持续时间

试件	σ_0/MPa	$\bar{\varepsilon}$/%	ε_{max}/%	t_1/min	t_2/min
1	49.3	0.399	0.62	23 225	3 375
2	49.3	0.413	0.67	22 122	137
3	46.5	0.412	0.69	22 758	936
4	49.3	0.407	0.63	22 367	823
5	49.3	0.416	0.63	23 014	192
6	49.3	0.388	0.61	22 909	113

从表 2-3 可以看出，虽然各个岩石试件蠕变破坏时的应力和破坏时荷载持续时间有所差异，但各试件破坏时的轴向平均应变和横向最大应变基本一致，即轴向裂纹产生时横向最大应变一般为 0.63%左右，而试件发生宏观破坏时轴向平均应变为 0.4%左右，是常规试验极限应变值的 93%。这一试验结果可为基于应变的破坏准则的建立提供依据，同时表明蠕变状态下岩石的破坏准则应以基于应变的准则为宜。

3 岩石单轴恒载压缩蠕变模型研究

由于岩石具有非连续性和非均质性,其力学性质尤为复杂。岩石的流变性,特别是软岩的流变性,不但体现在地质历史过程中,而且在矿山的采掘过程中(如几天或几个月)也是十分显著的。通过多年的研究,前人提出了多种岩石流变模型(详见第1章),其中多是线性黏弹性模型,然而岩石的复杂力学性质,不论是剪切变形特性还是体积变形特性,最好用非线性模型来描述。非线性经验公式的特点是简单实用,对特定岩石而言,可以很好地吻合试验结果,但是难以推广到其他类别的岩石和其他应力状态,并且不能描述岩石的应力松弛特征。近年来,有些研究者建立了岩石介质流变损伤模型,能较好地反映岩石介质的流变特性。

不论采用什么方法建立岩石的本构模型,得到的本构方程都应该满足两个基本要求[50]:一方面,必须能够反映绝大多数的试验事实;另一方面,其数学表达式应尽可能简单。本章将在前一章试验研究的基础上,提出一个岩石蠕变损伤-硬化模型。由于试验只选择了红砂岩试件,因而建立的模型只是初步模型。今后,为了定量阐明该模型的某些特性,还需要进行更多的砂岩类和其他类别岩石的流变试验。因此,在获得更多的试验成果之前,应该认为该模型只是近似模型。本章主要研究岩石加载阶段的蠕变性质和变形过程,这种流变性质对于采矿工程具有重要的实用价值。

另外,本书重点研究岩石的蠕变以及蠕变条件下扰动对岩石变形的影响,所有的试验及分析都是围绕这一研究内容展开的。因此,本章应对损伤的基本理论以及与建立蠕变模型有关的内容加以简单论述。

3.1 岩石损伤力学的基本理论

大量工程实践证明,岩体的力学性质与岩石的力学性质有很大差别,造成这种差别的主要原因是岩体中存在大量节理裂隙等结构面。多裂隙岩体力学性质的研究是岩石力学领域的重要课题,近年来这一课题的研究取得了较大进展,其主要标志是损伤力学研究方法的引入为多裂隙岩体力学性质的研究提供了新的途径。损伤力学研究材料从原生缺陷到形成宏观裂纹直至断裂的全过程，也就是通常指的微裂纹的萌生、扩展或演变，体积元的破坏，宏观裂纹的形成、扩展直至失稳的全过程。损伤力学把材料的微裂纹或结构的演变看作材料力学性能的劣化，从而把这一性质结合到材料的力学性能上。所以，损伤力学依然依据材料连续性的基本假设，把材料的损伤看作材料内部结构的演变，同时伴随着能量的转换，损伤过程是不可逆的过程。

3.1.1　损伤力学的基本概念

损伤力学是固体力学的一个分支，主要研究材料内部缺陷的产生和发展所引起的宏观力学效应及最终导致材料破坏的过程和规律。岩石主要由多种矿物颗粒、孔隙和胶结物组成，其内部存在位错、剪切带、微空洞、微裂纹等缺陷，这些不同尺度的细观结构正是损伤的典型表现。岩石受荷载作用而产生肉眼可见的裂纹、发生失稳破坏，都是由于岩石在受力变形时内部微裂纹的随机分布和微裂隙萌生、扩展以及贯通而引起的宏观表现。所以，利用损伤理论来研究岩石等含有初始缺陷的材料，是目前公认的最可靠、最有效的研究方法。

在荷载作用下，或在其他因素的影响下，材料微结构的不断变化或内部微缺陷的萌生与扩展，导致材料宏观力学性能劣化的结果，称为损伤。损伤并不是一种独立的物理性质，它是作为一种“劣化因素”被结合到弹性、塑性、黏弹性介质中的。材料的损伤是一种客观事实，损伤则作为一种“劣化因素”被提出来。

假设材料宏观力学性能劣化的主要原因是微空洞和微裂纹导致有效承载面积的减少，根据这一观点，Hult 把 Kachanov 提出的损伤变量 ψ 解释为拉杆断面的实际面积 A_{ef} 与表观面积 A 的比值：

$$\psi = \frac{A_{ef}}{A} \tag{3-1}$$

实际面积的减小，致使截面上的应力 σ 增大，称截面上增大后的应力为“有效应力”，记为 σ^*：

$$\sigma^* = \frac{\sigma}{\psi} \tag{3-2}$$

Rabotov 推广了 Kachanov 等的理论，用 $\Omega = 1-\psi$ 作为损伤变量，则：

$$\sigma^* = \frac{\sigma}{1-\Omega} \tag{3-3}$$

Ω 和 σ^* 就是后来广泛应用的损伤变量和有效应力。

3.1.2 几种损伤理论简介

非连续与非均质是岩石的重要特征。从本质上讲，岩石中存在的微缺陷是离散的，但作为一种简单的近似，在连续损伤力学中，所有的微缺陷均被连续化，它对材料性质的影响用一个或几个连续的内部场变量来表示，这种变量称为损伤变量。

损伤力学首先是从金属材料受拉构件的变形破坏研究中提出的。20 世纪中期，Kachanov 在研究蠕变断裂时提出用连续变量描述材料受损的连续性能变化过程，之后他的学生 Rabotnov 于 1963 年引入损伤变量。Kachanov 在研究金属蠕变的过程中，第一个引入损伤的概念，他定义连续性变量：

$$\varphi = \frac{\widetilde{A}}{A} \tag{3-4}$$

式中 $\widetilde{A}$——实际承载面积；

A——名义面积。

Rabotnov 推广了上述概念并引入损伤变量：

$$D = 1 - \varphi = 1 - \frac{\widetilde{A}}{A} \tag{3-5}$$

其中，$A - \widetilde{A}$ 是损伤后不能承载的面积，故净应力可表示为：

$$\widetilde{\sigma} = \frac{\sigma}{1-D} \tag{3-6}$$

Broberg 将损伤变量定义为：

$$\omega_{\mathrm{B}} = \ln \frac{A}{\widetilde{A}} \tag{3-7}$$

该定义的优点在于认为加载过程中的损伤是可以叠加的。

直到 20 世纪 70 年代，法国的 Lemaitre 采用连续介质力学与热力学的方法研究了损伤对金属材料的弹性以及塑性的影响，随后，瑞典的 Hult、英国的 Leckie 都致力于损伤和蠕变的耦合作用的研究，促进了连续损伤力学框架的形成，也为唯象学奠定了基础。后来，损伤力学更是迅速成为固体力学和工程技术界的一个研究热点。在 20 世纪 70 年代，Dougill 首次将损伤力学的观点引入岩石材料中来，此方法立即受到广大岩石力学研究者的青睐，众多学者对此进行了研究，使岩石损伤力学成为当前岩石力学研究领域的热门课题之一。

学者们经过潜心研究，逐渐形成了几种重要的损伤理论，包括各向同性损伤理论，如 Lemaitre-Chaboche 塑性损伤理论、Rousselier 损伤理论、Gurson 孔洞损伤理论、Bui 和 Mroz 脆性损伤模型等，以及各向异性的损伤理论，如 Murakami-Ohno 几何损伤理论、Chaboche 损伤理论、Krajcinovic 损伤理论、Sidroff 损伤模型、Chow 损伤理论、冯西桥和余寿文的微裂纹扩展区损伤理论等，这些理论极大地促进了连续损伤力学理论和细观损伤力学理论的发展。

上述几种损伤理论中，由 Murakami 和 Ohno 创立的几何损伤理论，其损伤的几何描述可表示如下：假定一组平面微裂隙分布于岩体内，裂隙面垂直于单位法线矢量 $\boldsymbol{n}$，损伤所占的面积率为 Ω(表示单位面积上的孔隙面积为 Ω)，亦即在单位法线矢量为 $\boldsymbol{n}$ 的平面上，出现面积密度为 Ω 的损伤。从岩体中取出一个小四面体，其中一个表面的面积为 S，单位法向矢量为 $\boldsymbol{V}$，则单位面积矢量的表达式为 $\boldsymbol{s}=s\cdot\boldsymbol{V}=s_i\cdot\boldsymbol{n}_i$。由于单位法线矢量为 $\boldsymbol{n}$ 的平面上存在损伤，若以 S^*、$\boldsymbol{V}^*$ 表示损伤面积和损伤面法线向量，则在单位法线矢量为 $\boldsymbol{n}$ 的面元上，"实际"面积矢量 $S^*\cdot\boldsymbol{V}^*$ 与原来的表观面积矢量 $S\cdot\boldsymbol{V}$ 之间有如下关系：

$$
\begin{aligned}
S^*\cdot\boldsymbol{V}^* &= S_1\boldsymbol{n}_1+S_2\boldsymbol{n}_2+(1-\Omega)S(\boldsymbol{n}_3\cdot\boldsymbol{V}) \\
&= S_1\boldsymbol{n}_1+S_2\boldsymbol{n}_2+S_3\boldsymbol{n}_3-\Omega\cdot S\cdot\boldsymbol{n}_3\otimes\boldsymbol{n}_3\cdot\boldsymbol{V} \\
&- S\cdot\boldsymbol{V}-\Omega\cdot S\cdot\boldsymbol{n}_3\otimes\boldsymbol{n}_3\cdot\boldsymbol{V} \\
&= (\boldsymbol{I}-\boldsymbol{\Omega})S\cdot\boldsymbol{V}
\end{aligned}
\tag{3-8}
$$

式中，$\boldsymbol{I}$ 为单位张量；$\boldsymbol{\Omega}=\Omega\cdot\boldsymbol{n}_3\otimes\boldsymbol{n}_3$ 为一个二阶张量，故也称为损伤张量；$(\boldsymbol{I}-\boldsymbol{\Omega})$可以看作表观面积矢量 $S\cdot\boldsymbol{V}$ 转换到有效面积矢量 $S^*\cdot\boldsymbol{V}^*$ 的线性变换算子。设 $\boldsymbol{\sigma}$ 为 Cauchy 应力张量，$\boldsymbol{\sigma}^*$ 为有效应力，则二者之间具有如下关系：

$$
\boldsymbol{\sigma}^*=\boldsymbol{\sigma}(\boldsymbol{I}-\boldsymbol{\Omega})^{-1}
\tag{3-9}
$$

连续损伤力学理论一般用一个标量损伤变量来描述各向同性损伤，用矢量、二阶张量或四阶张量形式的损伤变量描述各向异性损伤；细观损伤力学理论往往用微缺陷的几何特征参数，如微裂纹密度、孔隙率等来描述，这两种描述之间的关联尚不清楚。特别是对于岩石介质，由于岩石结构的复杂性，即使对实验室中的小块岩样，准确描述其微观几何特征参数都是困难的。因而，从工程应用的角度看，在现阶段建立蠕变连续损伤力学模型仍然不失为一种可行的方法。

3.2 岩石轴向蠕变损伤模型

3.2.1 损伤变量的定义

根据不同的损伤机制，应选择不同的损伤变量。如果不考虑损伤的各向异性，则损伤变量是一个标量，即在各个方向损伤变量的数值都相等，没有方向性。如果考虑损伤的各向异性，则损伤变量可以是一个矢量或者二阶张量，甚至是一个四阶张量，也可以用双标量的损伤模型描述横观各向异性损伤。

尽管在各种情况下，损伤表现形式很多、很复杂，但它们都有一个共同的特点：都是需要耗散能量的不可逆过程。因此，可以利用不可逆过程热力学来处理。采用宏观变量来代表材料内部的损伤或其他因素而发生的变化，称为内变量，这种内变量的选择具有任意性。一般情况下，在研究岩石蠕变损伤特性时常采用以下两种损伤变量的定义。

3.2.1.1 应变等价原理

在受损材料中，测定有效面积是困难的，为了能间接地测定损伤，Lemaitre提出了应变等价原理。这一原理认为，应力 σ 作用在受损材料上引起的应变与有效应力作用在无损材料上引起的应变等价。根据这一原理，受损材料的本构关系可以通过无损材料中的名义应力得到，即

$$\sigma = E(1-D)\varepsilon = \widetilde{E}\varepsilon \tag{3-10}$$

式中，$\widetilde{E} = E(1-D)$，为受损材料的弹性模量，即有效弹性模量，由此得损伤变量为：

$$D = 1 - \widetilde{E}/E \tag{3-11}$$

当加载至某一值时卸载，假定损伤不可逆，即卸载过程中损伤值不变，则有：

$$D = 1 - \frac{1}{E}\frac{\mathrm{d}\sigma}{\mathrm{d}\varepsilon} \tag{3-12}$$

则 $\widetilde{E}$ 为卸载弹性模量。应变等价原理自提出以后，得到了普遍应用。虽然损伤变量的基本定义形式一致，但对于损伤材料的模量认识和测量方法则存在分歧[18]，引起争议的原因来自人们对损伤的理解、对损伤概念的定义以及各自研究对象的不同。缪协兴等[97]提出了蠕变模量法及损伤变量的测定方法，范华林等[18]则提出用割线模量法定义损伤变量。

依据上述对损伤变量的定义，在理论上可以通过测量损伤后的弹性模量间接得到损伤演化规律。但是，对恒载下的蠕变损伤，若采用该方法测定，则需要在蠕变过程中的不同时刻进行卸载及再加载，而反复的加卸载会对岩石试件的力学性质造成难以估计的影响。即使不考虑这种影响，单就测试结果而言，测得的损伤演化规律也是线性损伤累积的，这与蠕变试验的结果不符。另外，可将多种影响因素所引起的综合模量变化归结为单一的模量损伤。

3.2.1.2 能量等价原理

为了分析各向异性弹性损伤，Sidoroff提出了能量等价原理。该原理认为，只要用有效应力张量 $\widetilde{\boldsymbol{\sigma}}$ 代替柯西应力张量 $\boldsymbol{\sigma}$，受损材料的弹性余能和无损材料

的弹性余能在形式上相同，即只要将应力张量 $\boldsymbol{\sigma}$ 和应变张量 $\boldsymbol{\varepsilon}$ 用有效应力张量 $\tilde{\boldsymbol{\sigma}}$ 和有效应变张量 $\tilde{\boldsymbol{\varepsilon}}$ 代替后，受损材料的弹性本构关系和无损材料的弹性本构关系具有相同的形式：

$$\tilde{\boldsymbol{\varepsilon}} = \frac{E^{-1}}{\tilde{\boldsymbol{\sigma}}} \tag{3-13}$$

在单轴情况下，可由上式得出轴向本构关系：

$$\varepsilon_1 = \frac{\sigma_1}{E(1-D)^2} = \frac{\sigma_1}{\tilde{E}} \tag{3-14}$$

式中，$\tilde{E} = E(1-D)^2$，由此可确定损伤变量为：

$$D = 1 - (\tilde{E}/E)^{1/2} \tag{3-15}$$

3.2.2　损伤演化方程

对于单轴压缩应力状态，Kachanov 采用 Norton 幂律公式得到 Kachanov 蠕变损伤率：

$$\dot{D} = A\sigma^{v}(1-D)^{-v} \tag{3-16}$$

式中　A, v——依赖于温度的材料常数，由常应力蠕变试验确定；

D——损伤变量；

$\dot{D}$——损伤率。

由于定义的损伤变量 D 在 0（对应材料的无损状态）和 1（对应材料的损伤破坏）之间变化，将上式积分即得到蠕变破坏时间 t_R：

$$t_R = [A(v+1)\sigma^{v}]^{-1} \tag{3-17}$$

由以上两式可得 D 的演化规律为：

$$D = 1 - (1 - t/t_R)^{1/(v+1)} \tag{3-18}$$

由式(3-17)可得，蠕变破坏时间 t_R 与 σ^v 成反比，这与试验结果是吻合的。但是，该式既没有反映出岩石蠕变的应力阈值 σ_s，也没有反映出岩石的瞬时强度 σ_c 对损伤的影响。根据该式，只有当应力为零时，蠕变破坏时间 t_R 为无穷大；当应力足够大时，t_R 趋于零。而根据试验结果，岩石蠕变存在一个应力阈值 σ_s，当应力小于 σ_s 时，只产生第一阶段的衰减蠕变，岩石不会发生破坏，此时 $t_R = \infty$；当应力达到岩石的单轴抗压强度 σ_c 时，则为瞬时破坏，此时 $t_R = 0$。因此，需要构造满足上述条件的函数：

$$\begin{aligned} \sigma_\Delta &= f(\sigma) = \sigma_0 \ln[(\sigma_c - \sigma)(\sigma_c - \sigma_s)^{-1}] \\ &= \sigma_0 \ln[(1-\Delta)(1-\gamma_a)^{-1}] \end{aligned} \tag{3-19}$$

替换式(3-17)中的 σ。式(3-19)中,σ_0 为单位应力,MPa;$\Delta=\sigma/\sigma_c$ 称为应力比;$\gamma_a=\sigma_s/\sigma_c$,对某种岩石而言为常数。该式为仅考虑损伤机制所得的结果,下面将会看到,在考虑了硬化机制后需要做进一步的处理。

3.2.3 损伤阈值讨论

式(3-19)意味着存在一个蠕变损伤阈值(即蠕变应力阈值 σ_s,或者为 σ_s所对应的应变),当应力低于阈值 σ_s时材料无损伤;当应力高于阈值 σ_s时才产生损伤。蠕变应力阈值 σ_s的存在是试验结果,也是人们所公认的。而蠕变损伤阈值的存在则是有争议的。一种观点,也是较为普遍的观点,认为在岩石蠕变的第一、第二阶段不产生损伤,损伤起始于或明显显现于蠕变第二阶段之末[95],从此刻引入损伤变量,用来描述加速蠕变阶段。另一种观点则认为,损伤不存在阈值,损伤随着应力即时产生,如式(3-16)所表示的 Kachanov 蠕变损伤率,即认为损伤为一连续过程[1]。文献[1]在论述岩石蠕变损伤特性的细观试验时指出,无论从时效损伤的机理分析,还是从岩石细观、宏观损伤试验及岩体模型的疲劳损伤和蠕变损伤试验结果来看,在室温条件下,时效损伤破坏并不是在任意应力水平作用下均可发生的,也就是说,岩石和岩体的时效损伤具有应力阈值,只有当应力高于该阈值时方可能发生时效损伤破坏,而当应力低于该阈值时,岩石损伤增长率将随循环次数的增加或时间的延长而逐渐趋于零,反映在宏观力学性质上即应变率趋于零。也就是说,时效损伤破坏具有应力阈值,而损伤则是连续的。该文献在进行岩石非线性蠕变损伤分析时,将蠕变过程分为三个阶段分别研究,得到了三个蠕变损伤演化方程。陈智纯等[96]认为岩石存在初始损伤,甚至初始损伤较发达。

笔者认为上述分歧产生的原因是忽略了两个概念之间的区别,即作为内变量的用于描述微观构造状态的(宏观)变量"损伤"与用于描述微观构造特征本身的(宏观)变量之间的区别。例如,平均裂纹长度是一个恰当的微观构造变量,但不是损伤。只有裂纹扩展了损伤才发生,即损伤是岩石的力学性质相对初始状态的所谓"劣化"。如果没有劣化,则不存在损伤。由此可以推断,在常应力蠕变条件下,蠕变状态可以分为两种,即有损伤状态和无损伤状态。当应力水平低于蠕变应力阈值 σ_s时,岩石不产生损伤,即处于无损状态;当应力水平高于蠕变应力阈值 σ_s时,岩石产生损伤,处于有损状态,即损伤应力阈值等于蠕变应力阈值 σ_s。当然,这一推断是在仅考虑损伤机制条件下得出的,如果在蠕变过程中还存在别的机制,则该推断未必正确。

有损状态与文献[1]所描述的"当应力高于该阈值(损伤阈值)时方可能发生时效损伤破坏"相对应;无损状态则与文献[1]所描述的"应力低于该阈值(损

伤阈值)时……应变率趋于零"相对应,但其原因不是"应力低于该阈值时,岩石损伤增长率将随循环次数的增加或时间的延长而逐渐趋于零",因为按照损伤即"劣化"的定义,在常应力条件下,损伤一旦启动则不能衰减或停止,损伤随时间的累积必然会使损伤率随时间单调增加,除非其他条件或因素发生了变化。也就是说,对于常应力蠕变,有损状态下不存在衰减蠕变,甚至也不存在等速蠕变。而从蠕变曲线看,衰减蠕变是低应力水平时的蠕变形态,在高应力水平下的蠕变曲线则包含衰减蠕变、等速蠕变和加速蠕变三个阶段。低应力水平下的衰减蠕变形态和高应力水平下的衰减蠕变阶段是试验的结果,是客观存在的,仅仅利用损伤理论是无法解析的。一个自然的、合理的解析是,蠕变过程中不仅存在损伤软化,而且存在蠕变硬化。事实上,"应力低于该阈值时,岩石损伤增长率将随循环次数的增加或时间的延长而逐渐趋于零"就是硬化。这里以及下文所说的硬化是指黏滞系数(或变形模量)随蠕变应变的增大而增大的现象,相对常量黏滞系数而言是"硬化"了,而非塑性理论中的加工硬化概念,只是与蠕变硬化现象相似而借用了硬化的概念。

3.3 岩石蠕变硬化与软化特性

本书第 2 章已对岩石单轴压缩试验和单轴压缩蠕变试验进行了较为详细的分析,本节将在前述试验结果的基础上,分别对岩石黏滞系数与加载应力和加载持续时间之间的关系进行分析,并进一步对岩石蠕变硬化与软化进行探讨。

3.3.1 岩石黏滞系数与加载应力和加载持续时间之间的关系

在岩石的单轴压缩蠕变分析中,岩石材料的黏滞系数 η 与加载应力 σ 以及加载持续时间 t 之间的关系可应用宾汉模型给予说明,如图 3-1 所示。设 E_0、σ_s 为常数,由宾汉模型可推导出岩石黏滞系数 η 与加载应力 σ 和加载持续时间 t 之间的关系:

$$\eta(\sigma,t)=\frac{E_0\left[T+t\left(1-\dfrac{\sigma-\sigma_s}{\sigma_0}a\right)\right]^2}{aT} \tag{3-20}$$

式中,a,T,σ_s 为宾汉模型的参数。

将红砂岩试件单轴压缩蠕变试验结果代入上式,对于任意给定的某一时刻 t,可以得到红砂岩材料在单轴压缩蠕变试验条件下的黏滞系数 η 随加载应力 σ 的变化关系,如图 3-2 所示。

从图 3-2 可以得到:

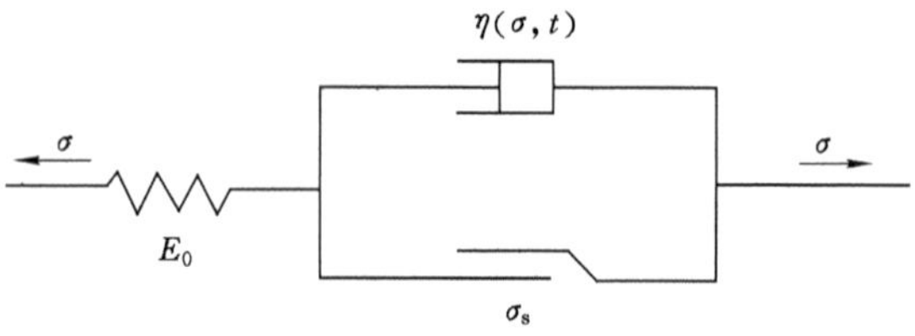

图 3-1　宾汉模型

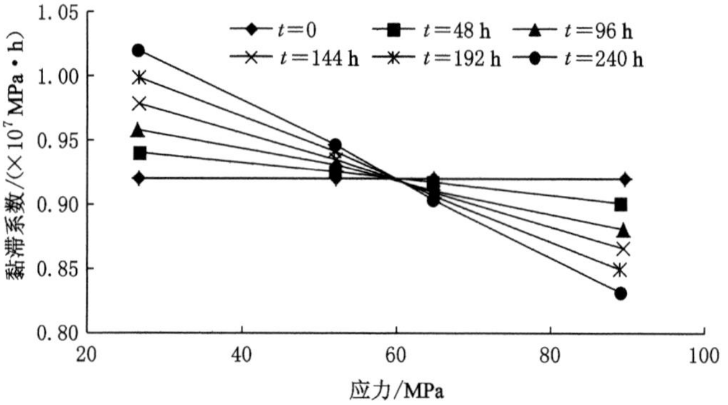

图 3-2　红砂岩单轴压缩蠕变试验的黏滞系数与加载应力之间的关系曲线

(1) 红砂岩材料在加载瞬时($t=0$)，其初始黏滞系数 η 为 E_0T/a，与加载应力 σ 无关，具有相同的一个定值，即红砂岩材料在不同应力水平 $\sigma(\sigma>\sigma_s)$ 作用下，将具有相同的初始黏滞系数。

(2) 在加载后某一时刻 t，红砂岩的黏滞系数 η 随加载应力 σ 的增加而衰减，并且其衰减程度将随加载持续时间 t 的推移而加剧。这就说明了材料在由低应力作用下的衰减蠕变变形向高应力作用下的加速蠕变变形发展的整个过程中，在蠕变性态上表现为流动度将越来越大。

(3) 在应力 σ 持续作用下，各个时刻 t 的黏滞系数 η 与加载应力 σ 之间的关系曲线具有一公共的交点。

(4) 材料在各级不同应力水平作用下具有各自不同的黏滞系数 η。

在红砂岩材料黏滞系数 η 的表达式(3-20)中，对于任意给定的一个加载应力 σ，同样可以得到红砂岩材料在单轴压缩蠕变试验条件下的黏滞系数 η 随加载持续时间 t 的变化关系，如图 3-3 所示。

从图 3-3 可以得到：

(1) 材料的黏滞系数 η 随加载持续时间 t 的变化规律与所施加的应力水平有关。在加载应力分别为 $\sigma=26.4$ MPa 和 $\sigma=52.2$ MPa 作用下，红砂岩试件的黏滞

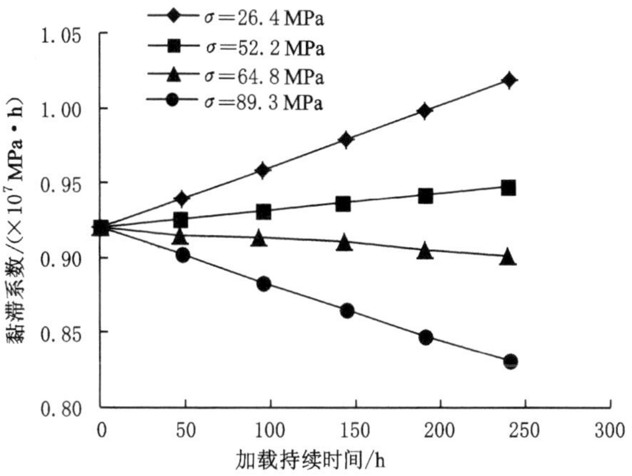

图 3-3 红砂岩单轴压缩蠕变试验的黏滞系数与加载持续时间的关系曲线

系数 η 随加载持续时间的推移而增加，相应的，材料的流动度随时间的推移而下降。在红砂岩试件单轴压缩蠕变试验曲线上反映出其蠕变增量随加载持续时间的推移而减小，蠕变试验曲线呈衰减型。在加载应力分别为 $\sigma=64.8$ MPa 和 $\sigma=89.3$ MPa 作用下，红砂岩材料的黏滞系数 η 随加载持续时间的推移而下降，相应的，材料的流动度随时间的推移而加大。同样，在红砂岩试件单轴压缩蠕变试验曲线上反映为其蠕变增量随加载持续时间的推移而增加，蠕变试验曲线呈非衰减型。并且这时黏滞系数 η 随加载持续时间 t 的推移而下降的幅度与对材料所施加的应力水平有关，当所施加的应力 σ 越大时，下降幅度也将越大，这反映出材料在高应力持续作用下越容易发生蠕变破坏。

(2) 在各加载应力 σ 作用下，红砂岩材料的黏滞系数与加载持续时间的关系曲线也有一个公共交点，同样该公共交点再一次说明，红砂岩在任一加载应力 $\sigma(\sigma>\sigma_s)$ 作用下，都具有相同的初始黏滞系数。

通过上述对黏滞系数 η 与加载应力 σ 和加载持续时间 t 之间关系的探讨可知，红砂岩材料在不同应力水平 σ 作用下，在加载瞬时($t=0$)具有相同的初始黏滞系数 η。另外，存在一个应力阈值，当应力水平低于该阈值时，黏滞系数随加载持续时间 t 的推移而增大，蠕变曲线呈衰减型，即硬化；而当应力水平高于该阈值时，黏滞系数随加载持续时间 t 的推移而减小，蠕变曲线呈加速型，即软化。应该注意到，由于上述结论是在假设弹性模量 E_0 不变的条件下得到的，因此，该结论并非只反映了黏滞系数的非线性，而是用单一的材料参数对材料力学性质非线性变化的一种综合描述。由于硬化是客观的，所以黏滞系数的软化是否存在缺乏根据。

3.3.2 岩石蠕变硬化与软化探讨

综合对损伤的分析可以认为，单独考虑弹性模量（或者其他模量，如割线模量、蠕变模量等）的损伤和单独考虑黏滞系数的非线性只是表达形式上的差异，而其本质是相同的，即都用单一的力学参数描述岩石蠕变的非线性硬化、软化过程，来配合常应力下岩石蠕变曲线的形态。这样做虽然能够使理论曲线与试验曲线吻合得很好，但是不得不在模量损伤中引入硬化及损伤阈值，在黏滞系数中引入软化和由硬化转变为软化的应力阈值，从而造成理论上的复杂化和不合理，甚至是矛盾。

根据岩石在常应力下的蠕变试验结果，硬化、软化是客观存在的，因此，可以而且应该引入两个变量或函数来描述它们：用软化变量即损伤变量来宏观地描述岩石微观缺陷（微裂纹）的萌生和发展所导致的岩石力学性质的软化，用硬化变量来宏观地描述岩石微观结构的变化所导致的岩石力学性质的硬化。而将蠕变过程看作硬化、软化共同作用的结果，或者说是硬化、软化两种机制竞争的结果。图 3-4 直观地说明了两种机制竞争的过程。

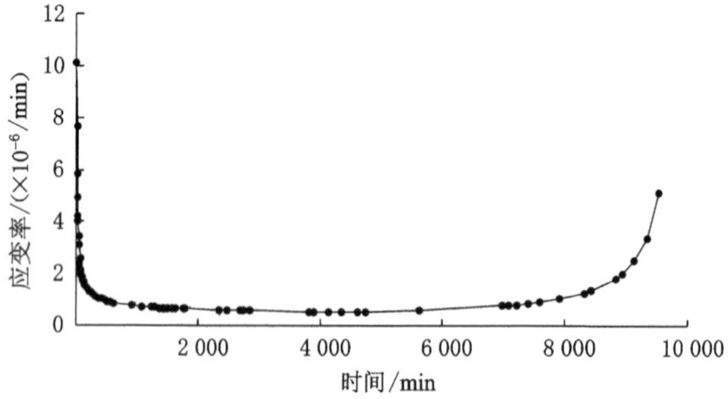

图 3-4　岩石蠕变破坏过程中应变率随时间的变化曲线

在蠕变的初期，岩石刚刚经历了一个瞬时弹性变形，形变导致的硬化机制占主导地位，此阶段应变率快速减小，对应蠕变曲线的衰减蠕变阶段。经过一段时间后，应变率趋于平缓，蠕变进入第二阶段，但是应变率并不是常数，而在缓慢地减小，达到最小值后又缓慢地增大。但是，在应变率急剧增大以前，其变化是很小的，接近一个常数，作为一种近似，该阶段可以视为等速蠕变阶段。在该阶段，软化机制逐渐和硬化机制接近并缓慢超过硬化机制。之后损伤迅速增大，软化机制占主导地位，应变率急剧增大，试件破坏。该阶段为加速蠕变阶段。

在蠕变的整个过程中，这两种机制始终存在，相互竞争。但它们的发展趋势不同，损伤能导致岩石的破坏，而硬化是对形变的一种有限反应。引入两种机制最大的优点在于，不必强制性地引入"模量损伤阈值"和"黏滞系数由硬化转变为软化的应力阈值"问题，由"阈值"所导致的理论上的问题也自然解决。由此可以得出结论：岩石的硬化和软化均为连续的单调增加函数，不存在硬化软化阈值。

3.4 岩石单轴压缩条件下考虑损伤与硬化的轴向蠕变模型

基于上述分析，在引入损伤变量和硬化变量后，只要选择最简单的麦克斯韦模型即可较好地模拟岩石的非线性蠕变。前已述及，岩石蠕变过程是非线性的，最好用非线性理论来描述。模型理论是线性理论，只限于研究线性流变问题，但模型理论所建立的模型很形象化，而且概念直观简单，又能较好地反映流变介质的各种流变学特征，因而得到广泛的应用。采用非线性元件对模型理论进行改进，即可避开复杂难懂的非线性黏塑性理论以及过多的纯经验公式，又可以描述蠕变的非线性[1]。

3.4.1 线性蠕变元件基本力学特性

模型理论是线性理论，岩石的线性蠕变模型是用来描述岩石材料复杂变形现象的一种工具。线性蠕变元件模型通常由胡克体、牛顿体及圣维南体经过不同的组合形成，以下简要介绍这些元件的基本力学特性。

(1) 胡克体(又称 Hooke 固体)

Hooke 元件简称 H 体，它用于模拟物体的弹性，在模型中可用一弹簧表示，如图 3-5(a)所示，其应力与应变间的关系完全符合胡克定律，即

$$\sigma = E\varepsilon \tag{3-21}$$

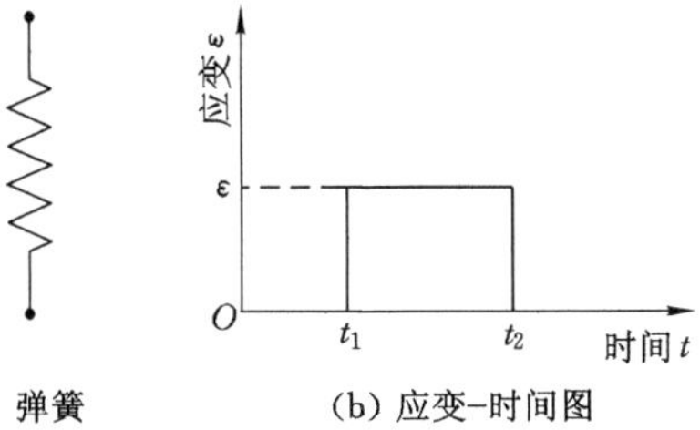

(a) 弹簧　　(b) 应变-时间图

图 3-5 Hooke 固体模型

应力和应变呈线性关系。这种元件的特点是施加荷载后，变形立即发生；应力不变，变形保持常数，不随时间变化。当除去应力后，变形完全恢复，即应变是完全可恢复的。由式(3-21)得：

$$d\sigma/dt = E d\varepsilon/dt \tag{3-22}$$

从式(3-22)可以看出，应力随时间的变化(应力速率)与应变随时间的变化(应变速率)成正比。

(2) 牛顿体(又称 Newton 流体)

Newton 元件简称 N 体，它用于模拟物体的黏滞性，在模型中可用图 3-6(a)表示，它由圆筒内装满一种黏滞性液体及一个可移动的穿孔活塞组成，称为黏壶。圆筒中的液体完全符合牛顿流体定律，故称为牛顿流体。

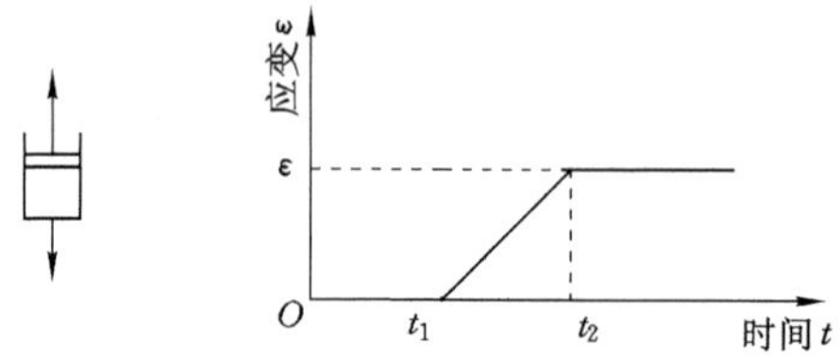

(a) 黏壶　　(b) 应变-时间图

图 3-6　Newton 流体模型

Newton 流体的应力与应变速率呈正比关系，即

$$\sigma = \eta\dot{\varepsilon} \tag{3-23}$$

式中　η——黏滞系数。

如果应力 σ 一定($\sigma=\sigma_0$)，则由式(3-23)可得：

$$\varepsilon = \sigma_0 t/\eta + C \tag{3-24}$$

式中　C——积分常数，由初始条件决定。

从式(3-24)可知黏壶的特点：加上应力 σ_0 不立即产生应变；使应力从时间 t_1 到 t_2 保持定值 σ_0，应变会随时间的延长而增大；即使除去荷载，消除应力，应变也不会恢复，而会留下永久应变。

(3) 圣维南体(又称 St. Venant 塑性体)

塑性元件简称 St. V 体，它用于模拟物体的塑性，在模型中可用图 3-7(a)表示，由两接触面粗糙的滑块组成，称为摩阻件。它具有一个起始的摩擦阻力 σ_m，若外力小于 σ_m，则不产生变形；当 σ 一旦达到 σ_m 时，它在等应力下出现塑性流动(图 3-7)，σ_m 称为屈服应力。一旦除去应力，应变也不会恢复，会留下永久应变。

物体的塑性变形有两种类型，可分别用以下两式表示：

(1) 理想的塑性变形[图 3-7(b)中的实线]

$$\begin{cases}\sigma < \sigma_m, \varepsilon = 0 \\ \sigma = \sigma_m, \varepsilon \text{ 持续增大}\end{cases} \tag{3-25}$$

(2) 具有硬化特性的塑性变形[图 3-7(b)中的虚线]

$$\begin{cases}\sigma < \sigma_m, \varepsilon = 0 \\ \sigma \geqslant \sigma_m, \varepsilon = (\sigma - \sigma_0)/K\end{cases} \tag{3-26}$$

式中 K——塑性硬化系数,表示只有在外力不断增大做功的条件下塑性变形才会继续产生。

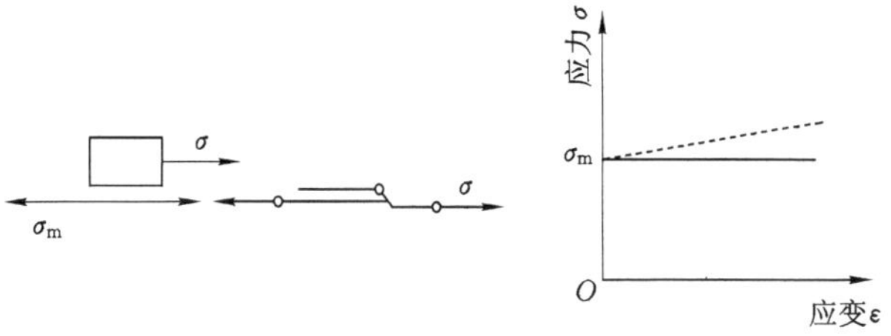

(a) 摩阻件　(b) 应变-时间图

图 3-7　St. Venant 塑性体模型

3.4.2 岩石典型线性蠕变模型

将上述这些基本蠕变力学元件进行适当的组合便形成各种蠕变体复合模型,就可以说明材料的各种应力、应变、强度和时间的关系,这些元件可以并联,可以串联,也可以混联。并联时,每个单元体模型所担负的荷载之和等于总荷载,而它们的应变是相等的;串联时,每个单元体担负着相同的总荷载,而它们的总应变及总应变速率则为各单元体的总和。

为了选择一个适当的线性模型作为非线性模型的基础,有必要对现有的线性模型进行分析。现有的应用较为普遍的基本线性模型大致包括以下几个:麦克斯韦模型、开尔文模型、开尔文-沃伊特模型、标准线性体模型、伯格斯模型、宾汉模型及广义宾汉模型、西原模型。这些模型中,能够描述衰减蠕变的都含有一个开尔文体。仔细考察一下开尔文体就会发现,事实上它相当于一个硬化黏壶。

开尔文体由一个弹簧和一个黏壶并联而成,如图 3-8 所示,外加应力由两个元件分担。加载之初,虽然应变率不为零,但由于没有时间的累积,应变为零,此时所有的力由黏壶承担,弹簧受力为零。经过短时间后应变率在时间上的累积使模型有了变形,弹簧分担了一部分荷载,黏壶上的作用力减小,应变率降低。随着变形的增大,弹簧承担的力越来越大,黏壶上的作用力越来越小,应变率随时间的推移而降低,从模型的总体效应看,就好像黏壶发生了硬化一样,因此,开尔文体等效于一个线性硬化黏壶。基于同样的道理,麦克斯韦模型相当于一个有线性软化效应的弹簧。由麦克斯韦体和开尔文体串联而成的伯格斯模型实际上就具有软化硬化的性质,从这个观点看,用伯格斯模型来模拟岩石,特别是软岩的流变特性,比其他模型更具有合理性,这可能也是该模型被广泛地用来描述软岩流变的原因。但是,由于这些模型仅是几个线性基本元件的组合,虽然能较好地反映流变介质的各种流变学特征,却不能很好地描述蠕变的非线性,不得不分别采用不同的模型分段描述蠕变的衰减阶段和等速阶段,且无法描述加速蠕变阶段。

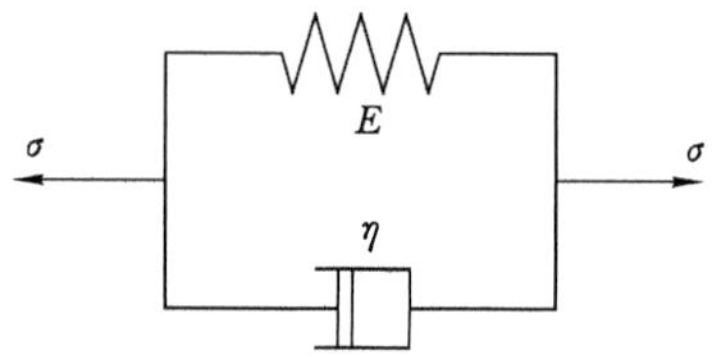

图 3-8　开尔文流变模型

3.4.3　岩石非线性轴向蠕变模型

模型理论的出发点是假设物体的基本特性是线性的,无论构成模型的元件怎么多、组合方式怎么复杂,最终由模型得到的本构关系总是线性的。所以模型理论大多只限于讨论线性蠕变问题,不能直接用它来研究非线性蠕变。从具体的本构关系来看,模型理论一般把岩石蠕变过程中的参数如弹性模量、黏滞系数、屈服强度等作为固定值,尽管在本构方程中引入了时间变量,但把时间固定在蠕变过程的某一瞬时,岩石流变的状态方程仍然是线性方程的形式,故也有人把它叫作线性模型理论。自然界中岩石的蠕变更多地表现为非线性特征,这一点在加速蠕变中表现得尤其明显,而线性蠕变模型往往仅能描述减速蠕变和稳定蠕变,不能描述加速蠕变,这就使得线性蠕变模型不能准确有效地反映工程实际。因此,建立合适的非线性流变本构模型来反映岩石的非线性流变特性是至关重要的,也是流变学发展的重要方向。

由于模型理论所研究的只限于线性蠕变问题,所以为了描述非线性蠕变,则要么完全放弃模型理论,采用其他非线性黏弹塑性理论或纯粹的经验公式;要么需要对模型理论进行改进,如采用非线性元件(如非线性弹簧或非线性黏壶),即可以在一个模型中使各个参数(如弹簧的弹性模量 E、黏壶的黏滞系数 η

等)随应力的变化而不同[$E=E(\sigma,t)$,$\eta=\eta(\sigma,t)$],改用变参数模型,在不同的应力水平下确定不同的参数,实际上这也是一种非线性元件模型。

本书用非线性软化的弹簧代替伯格斯模型中线性软化的麦克斯韦体,用非线性硬化的黏壶代替伯格斯模型中线性硬化的开尔文体,就可以得到一个等效于非线性伯格斯模型的模型,即由一个可软化弹簧和一个可硬化黏壶串联而成的非线性麦克斯韦流变模型,如图 3-9 所示。其软化机制用损伤描述,硬化机制通过引入一个硬化函数来描述。

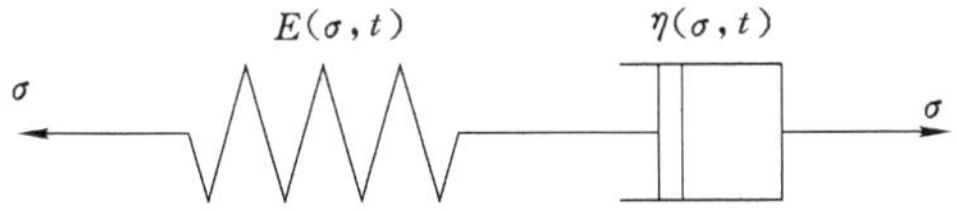

图 3-9　非线性麦克斯韦流变模型

根据对组合模型的约定,串联的两个元件所受应力相等,模型的总应变等于两个元件的应变之和,所以有:

对弹簧

$$\varepsilon_1 = \sigma/E(\sigma,t) \tag{3-27}$$

对黏壶

$$\dot{\varepsilon}_2 = \sigma/\eta(\sigma,t) \tag{3-28}$$

模型的总应变

$$\varepsilon = \varepsilon_1 + \varepsilon_2 \tag{3-29}$$

对式(3-27),定义损伤变量为:

$$D = 1 - \widetilde{E}/E_0 \tag{3-30}$$

式中,E_0 为初始弹性模量;$\widetilde{E} = E_0(1-D) = E(\sigma,t)$,为有效模量。

由于不存在损伤阈值,可将式(3-19)改写为:

$$\sigma_\Delta = f(\sigma) = \sigma(\sigma_c - \sigma)^{-1} = \Delta(1-\Delta)^{-1} \tag{3-31}$$

该式满足当应力为零时,$t_R=\infty$;当应力达到其单轴抗压强度 σ_c时,则为瞬时破坏,$t_R=0$。

则损伤演化方程为:

$$\dot{D} = A\sigma_\Delta^v(1-D)^{-k} \tag{3-32}$$

式(3-32)中若取

$$\sigma_\Delta=\sigma, k=v$$

即符合 Norton 幂律公式的 Kachanov 蠕变损伤率[式(3-16)]。

对式(3-32)两边积分,得:

$$(1-D)^{k+1}=1-(k+1)A\sigma_{\Delta}^{v}t \tag{3-33}$$

当 $t=t_{\mathrm{R}}$ 时,材料破坏,此时 $D=1$,则由式(3-17)可得:

$$t_{\mathrm{R}}=[A(k+1)\sigma_{\Delta}^{v}]^{-1} \tag{3-34}$$

由以上两式可得 D 的演化规律为:

$$D=1-(1-t/t_{\mathrm{R}})^{1/(k+1)} \tag{3-35}$$

对式(3-28),引入硬化函数[111]

$$H=C\sigma^{r}t^{1-\alpha} \tag{3-36}$$

式中,C,r,α 为材料常数,$0<\alpha<1$。则有:

$$\dot{\varepsilon}_{2}=\frac{\sigma}{\eta(\sigma,t)}=\frac{\sigma}{\eta_{0}H} \tag{3-37}$$

对式(3-37)积分得:

$$\varepsilon_{2}=\frac{\sigma^{1-r}}{\eta_{0}C\alpha}t^{\alpha}=B\sigma^{1-r}t^{\alpha} \tag{3-38}$$

式中,$B=(\eta_{0}C\alpha)^{-1}$,为材料常数。

将式(3-35)和式(3-38)代入式(3-29)即可得出常应力下的蠕变方程:

$$\varepsilon=[\frac{1}{E_{0}(1-t/t_{\mathrm{R}})^{1/(k+1)}}+B\sigma^{-r}t^{\alpha}]\sigma \tag{3-39}$$

对式(3-39)求导,可得应变率方程为:

$$\dot{\varepsilon}=[\frac{1}{E_{0}t_{\mathrm{R}}(k+1)}(1-t/t_{\mathrm{R}})^{-(k+2)/(k+1)}+\frac{B}{\alpha}\sigma^{-r}t^{\alpha-1}]\sigma \tag{3-40}$$

3.5 岩石单轴压缩条件下考虑损伤与硬化的横向蠕变模型

在讨论各向同性弹性损伤时,材料在任一损伤状态下均是各向同性弹性的,材料性能需要用两个独立的参量来描述。如果引入单标量损伤参数,就会得出如下结论:当岩石发生损伤后,其泊松比始终保持不变,弹性模量与剪切模量按同一规律变化[112]。高蕴昕等[112]对各向同性弹性损伤进行了研究,指出了以往各向同性损伤理论的局限性,建立了一种用两个标量损伤变量(D_E、D_G)描述的各向同性弹性损伤模型,提供了一种将细观损伤力学和连续损伤力学相结合的途径。何思明[113]根据双标量各向同性弹性损伤理论,提出了一种土体双标量损伤变量(D_E、D_G)损伤模型,并将其应用于研究地基土的理论荷载-沉降曲线问题。其损伤变量取为:

$$D_{E}=\frac{E}{\tilde{E}}-1,D_{G}=\frac{G}{\tilde{G}}-1 \tag{3-41}$$

式中　$\widetilde{E}$——损伤状态的弹性模量；

$\widetilde{G}$——损伤状态的剪切模量。

在讨论各向同性弹性损伤时，材料性能需要用两个独立的参数来描述，其损伤变量可取为与弹性模量及剪切模量相对应的损伤变量，也可以取其他参数对应的损伤变量，如与弹性模量、体积模量对应的损伤变量等。虽然岩石也有“抗剪强度”的概念，并且在常规三轴试验中，即使围压较小时也会表现出剪切破坏的形态，但是在简单的纯剪应力状态下，岩石是否存在剪切破坏，没有可靠的肯定性的试验依据。剪切模量 G 一般并非通过试验测定，而由弹性模量 E 和泊松比 ν 计算得到。也就是说，对岩石而言，泊松比 ν 的损伤演化比较易于进行试验测定，因此可以取与弹性模量 E 和泊松比 ν 对应的损伤变量。

定义损伤变量如下：

$$D_E = 1 - \frac{E}{\widetilde{E}}, D_\nu = 1 - \frac{\nu}{\widetilde{\nu}} \tag{3-42}$$

式中　$\widetilde{E}$——损伤状态的弹性模量；

$\widetilde{\nu}$——损伤状态的泊松比。

则由式(3-42)得到：

$$\widetilde{E} = E(1 - D_E), \widetilde{\nu} = \nu/(1 - D_\nu) \tag{3-43}$$

若假设应力主轴、应变主轴和损伤主轴互相重合，岩石在初始状态下为各向同性的材料，加载后由于材料的损伤、硬化，显示出正交各向异性性质，则可以方便地用上述定义的双标量损伤变量对其进行描述，而无须引入损伤矢量或损伤张量。

3.4 节已研究了单轴压缩条件下岩石的轴向蠕变特性，有了式(3-42)对泊松比损伤的定义，可方便地写出相应的横向蠕变方程。记轴向应力为 σ_1，轴向应变为 ε_1，在单轴压缩条件下，横向应力 $\sigma_2 = \sigma_3 = 0$，则横向应变为：

$$\varepsilon_2 = \varepsilon_3 = -\widetilde{\nu}\varepsilon_1 \tag{3-44}$$

3.4 节已述及轴向黏壶的应变硬化机制，同样，由于在横向蠕变曲线上也存在衰减蠕变阶段，因而在横向蠕变中也存在应变硬化机制，并且这种应变硬化机制也是通过黏壶的硬化来实现的。但是，由于蠕变过程同时存在损伤和硬化两种机制，因此难以判断轴向、横向的硬化规律之间的关系。这样，若假设横向损伤即泊松比的损伤只对模量有作用，则含有轴向、横向具有相同硬化规律的条件。从式(3-39)看，若不考虑变形的机制，而仅从其数学表达式分析，则方程右侧括号内的部分的作用等同于一个可变模量 $\hat{E}$。所以，横向蠕变方程可以由式(3-39)而写成：

$$\begin{aligned}\varepsilon_2 &= -\tilde{\nu}\varepsilon_1 = -\frac{\nu}{1-D_\nu}\left[\frac{1}{E_0(1-D_E)} + B\sigma^{-r}t^{\alpha}\right]\sigma \\ &= -\frac{\nu}{E_0}\cdot\frac{\sigma}{(1-D_E)(1-D_\nu)} - \frac{B}{1-D_\nu}\sigma^{1-r}t^{\alpha} \\ &= -\frac{\tilde{\nu}}{\tilde{E}}\sigma - \frac{B}{1-D_\nu}\sigma^{1-r}t^{\alpha} \end{aligned} \tag{3-45}$$

由试验结果可知，岩石试件的轴向、横向形变是相关联的，其蠕变有相似的规律。为简单起见，可以假设横向损伤与轴向损伤有简单的关系[114]：

$$D_\nu = LD_E = LD \tag{3-46}$$

式中　L——常数，一般的，$L>1$。

3.6 岩石蠕变本构方程试验验证

本节在前述推导出的岩石轴向和横向蠕变模型以及第 2 章单轴压缩蠕变试验数据的基础上，基于 Matlab 的非线性优化程序对试验结果进行拟合分析，得出了岩石非线性蠕变本构方程中的模型参数，并对得到的拟合蠕变曲线与试验曲线进行了比较。

3.6.1 岩石单轴压缩蠕变模型与试验结果比较

通过 Matlab 拟合分析，得出了岩石非线性蠕变本构方程中的模型参数，如表 3-1 所示。由表中的模型参数，根据轴向蠕变方程(3-39)得到了岩石轴向蠕变拟合曲线。图 3-10 至图 3-12 分别是红砂岩试件 C-3 在应力为 22.5 MPa、35.7 MPa和 49.3 MPa 时的轴向蠕变试验曲线与拟合曲线。

表 3-1　单轴压缩蠕变模型参数取值

σ/MPa	E_0/GPa	t_R/h	k	B	r	α
22.5	19.3	1.47×10^7	11	0.091	0.12	0.3
35.7	24.7	5 246	11	0.054	0.12	0.3
49.3	27.4	11	11	0.014	0.12	0.3

由表 3-1 中的模型参数，根据横向蠕变方程(3-45)得到了岩石横向蠕变拟合曲线。图 3-13 至图 3-15 分别是红砂岩试件 C-3 在应力为 22.5 MPa、35.7 MPa和 49.3 MPa 时的横向蠕变试验曲线与拟合曲线。

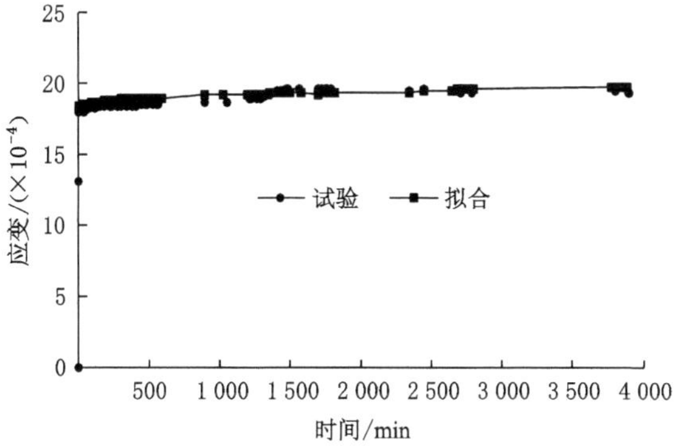

图 3-10　试件 C-3 在应力为 22.5 MPa 时的试验曲线和拟合曲线(轴向)

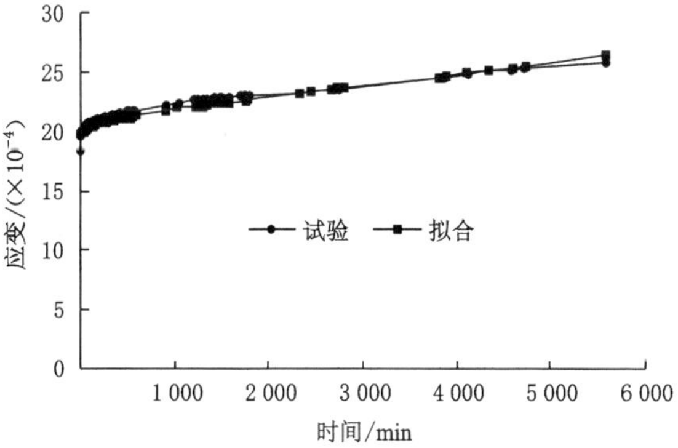

图 3-11　试件 C-3 在应力为 35.7 MPa 时的试验曲线和拟合曲线(轴向)

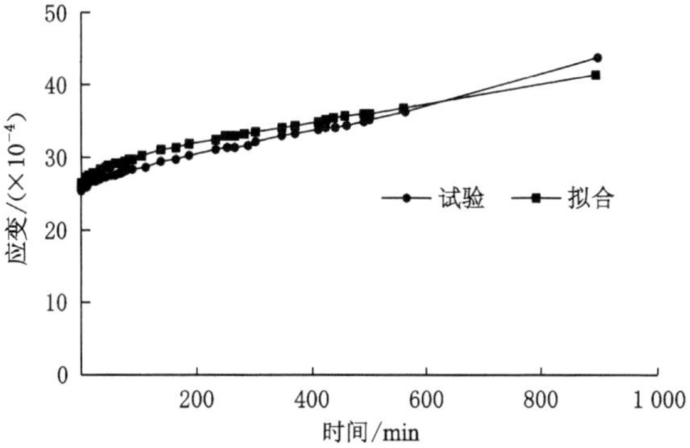

图 3-12　试件 C-3 在应力为 49.3 MPa 时的试验曲线和拟合曲线(轴向)

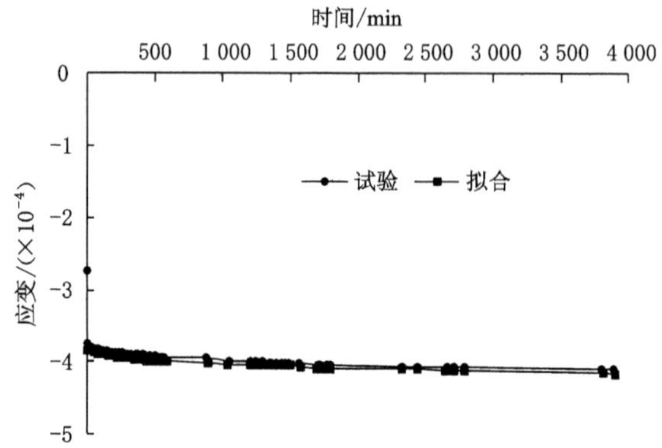

图 3-13　试件 C-3 在应力为 22.5 MPa 时的试验曲线和拟合曲线(横向)

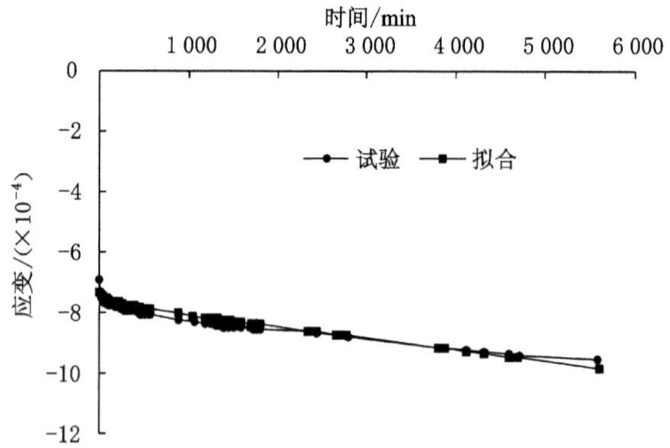

图 3-14　试件 C-3 在应力为 35.7 MPa 时的试验曲线和拟合曲线(横向)

进行曲线拟合时,选取了 22.5 MPa、35.7 MPa 和 49.3 MPa 3 个典型的应力水平。从图 3-10 至图 3-15 可以看出,当第一个应力水平取为 22.5 MPa 时,红砂岩试件的蠕变曲线只有衰减蠕变阶段;当第二个应力水平取为 35.7 MPa 时,红砂岩试件的蠕变曲线已进入第二阶段;而当第三个应力水平取为 49.3 MPa时,该级荷载持续时间约 15 h 后,红砂岩试件便发生蠕变破坏。可见,在各级加载应力作用下,红砂岩试件蠕变试验曲线与蠕变方程所反映的理论蠕变曲线具有相近的变化趋势和变化规律,理论蠕变曲线能较好地反映红砂岩的蠕变形态,二者吻合得比较理想,这反映了本书所建立的蠕变模型的正确性和合理性。本书应用该蠕变模型同时对其他红砂岩试件和山东能源龙口矿业集团有限公司北皂煤矿的泥岩、含油泥岩和油页岩(三种岩石均为软岩,单轴

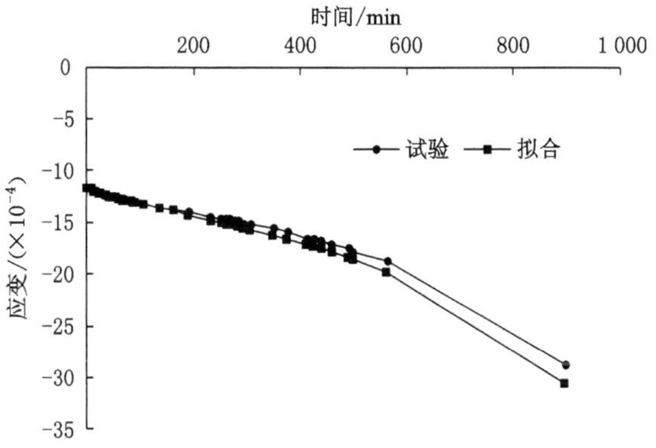

图 3-15　试件 C-3 在应力为 49.3 MPa 时的试验曲线和拟合曲线(横向)

抗压强度为 5～15 MPa)的蠕变试验结果进行了拟合,试验结果都与理论蠕变曲线基本相符,这说明本书所建立的蠕变模型也可以用来描述软岩的蠕变特性。该蠕变模型可以用一个统一的方程描述岩石三个阶段的蠕变,既不需要进行分段处理,也无须引入各种阈值。

3.6.2　岩石单轴压缩蠕变模型讨论

3.6.2.1　*岩石蠕变模型参数*

从表 3-1 可以看出,对于不同的应力水平,非线性蠕变本构方程中的指数 k、r 与 α 的取值相同,这说明对某一固定的岩石而言,这三个参数都为常量,它们的取值与应力水平及应变大小无关,从而证明了本书所建立的非线性蠕变方程的一般性。在不同的应力水平下,系数 B(可表征黏滞系数)不是常数,而是随应力的增大而减小的,这符合本书提出的硬化机制的观点,因为在分级加载条件下,岩石轴向的蠕变硬化是连续的,即前一级荷载所引起的硬化效应会传递到后续各级荷载下的蠕变中。在对每一级荷载的常应力蠕变单独拟合时,时间从加载后算起,而实际的黏滞系数 η_0 应从前级荷载加载末算起。因此,η_0 随应力增大是合理的。

3.6.2.2　*岩石蠕变硬化与损伤*

图 3-16 是加载应力为 49.3 MPa 时的蠕变硬化函数曲线,该图中的时间是按试验时间计算出的。而由式(3-36)知,当 $t=0$ 时,硬化值 $H=0$,这会造成瞬时应变率为无穷大。实际上,在加载过程中,岩石硬化已经产生,因此蠕变时间不能从零算起,图中的起始时间按试验记录取为 1 min。

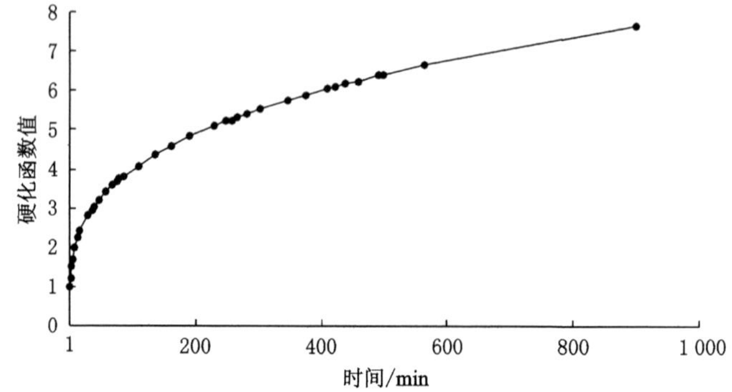

图 3-16 岩石蠕变硬化函数曲线

图 3-17 是加载应力为 49.3 MPa 时的岩石蠕变损伤曲线，图中的时间也是按试验时间计算出的。由于蠕变试验历时较长，试验数据采集采用手工记录方式，记录的时间间隔不易严格控制。尤其在岩石临近蠕变破坏时，由于事先并不能预测试件的准确破坏时刻，因此很难捕捉到试件破坏瞬时的应变详细数据。图中蠕变破坏时最大损伤值为 0.449，它是根据所测得的最大应变对应的时间计算出的。

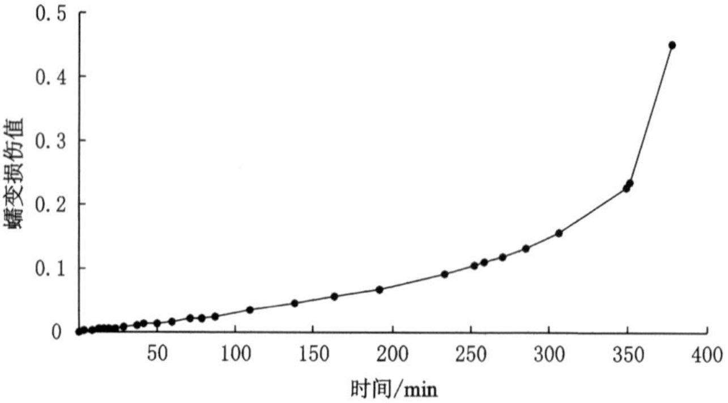

图 3-17 岩石蠕变损伤曲线

从图 3-17 可以看出，在蠕变过程的大部分时间内损伤的发展都是平稳的，几乎与时间呈线性关系。只有在临近破坏时，损伤才快速发展。从蠕变曲线形态上看，在该级应力条件下，岩石蠕变发展经历了三个阶段，因此可以认为损伤并非起始于加速蠕变阶段，在蠕变的衰减和等速发展阶段也存在损伤，只是此时损伤值较小，将其忽略掉是不合理的。

由于在建立非线性蠕变模型时引入了独立的损伤软化变量和硬化函数，因此，只要给出蠕变方程中适当的参数值，便可由蠕变方程(3-39)和(3-45)灵活地得到各种条件下的蠕变曲线。但是，在进行蠕变试验曲线的拟合时，会遇到另外一个问题：对于分级加载蠕变试验结果，在每一级荷载下要使拟合曲线都与试验曲线相吻合，则每一级荷载下的初始弹性模量 E_0 必须取不同的值，并且应力和应变越大，E_0 的取值也应越大。在第 2 章的试验分析时已提到过这个问题，下一章将对这一问题作详细讨论。

4 岩石分级加载条件下蠕变模型研究

很多岩体工程，包括地下硐室、岩石边坡工程以及岩基工程等，荷载或围岩应力往往是随施工进度或程序逐级增加或减少的，或者有些蠕变试验是采用分级加载方式进行的。本书的大部分蠕变试验也是在分级加载条件下完成的，分级加载条件下蠕变试验对研究岩石的物理力学特性具有重要的理论意义和实用价值[115]。张忠亭等[115]根据其所建立的统一蠕变模型，研究了分级加载条件下的岩石蠕变特性，但是并未涉及材料特性参数的变化问题。其他的文献虽然在试验中采用了分级加载的方法，但未在理论上研究该加载方式与一次加载方式对蠕变结果的影响。迄今为止，蠕变对岩石特别是软岩的材料性质或者材料形变效应的影响尚未受到足够的重视。

第 3 章所建立的非线性蠕变模型，虽然能较好地模拟岩石材料在常应力下蠕变的三个阶段，也可以较好地反映一次加载时各应力水平下的蠕变变化规律，但是，在用该模型来模拟分级加载条件下岩石蠕变的全过程时产生了较大的偏差，并且引起偏差的原因似乎与一般的常识是矛盾的。从常应力条件下的蠕变、单轴压缩常规试验以及一般常识三个方面来看，岩石尤其是软岩都是损伤软化的，或者至少在应力水平较高(如 $\sigma>\sigma_s$)时材料的力学性质是劣化的。第 3 章的蠕变模型中虽然引入了硬化机制，但是在较高应力水平下仍然以损伤机制占主导地位。这既符合常应力下的蠕变特性，也与一般常识不矛盾。然而，本书的试验结果(参看第 2 章)却与此相反，在分级加载条件下，随着应力水平的逐级提高和形变的增加，岩石试件在单位应力增量下的瞬时应变在绝大部分时间内是逐级减少的，即岩石的瞬时弹性模量是逐级增大的，也就是说，瞬时弹性模量发生了应变硬化，本章尝试对这一问题进行一些探讨。

4.1 岩石蠕变试验结果进一步分析

本书第 2 章中已经对岩石单轴压缩分级加载条件下的蠕变试验结果做了一定分析，为了说明上述蠕变硬化情况，本节将在第 2 章试验结果分析的基础上，引入相应的理想弹性材料的蠕变变形曲线，并与试验曲线进行比较。理想弹性

材料在变形过程中力学性质不发生任何变化，变形规律完全符合胡克定律，即

$$\varepsilon = \frac{\sigma}{E} \tag{4-1}$$

式中，弹性模量 E 按常规单轴压缩试验的结果取值。利用该公式可以得到理想弹性材料在各级应力下相应的应变。图 4-1 与图 4-2 分别为红砂岩试件 C-1、C-4 与理想弹性材料在单轴压缩分级加载条件下的轴向应变-时间关系曲线。

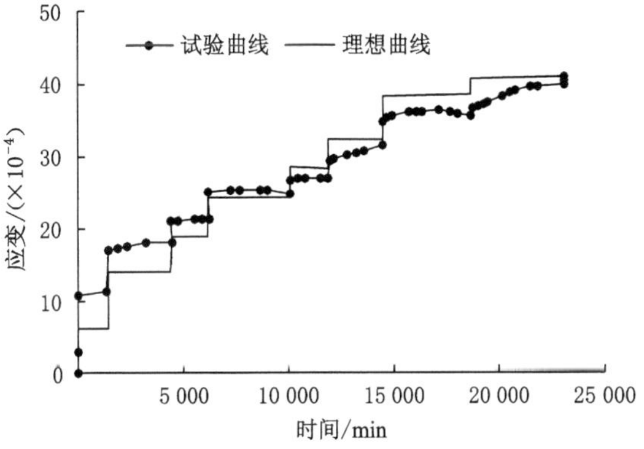

图 4-1 红砂岩试件 C-1 与理想弹性材料的轴向应变-时间关系曲线

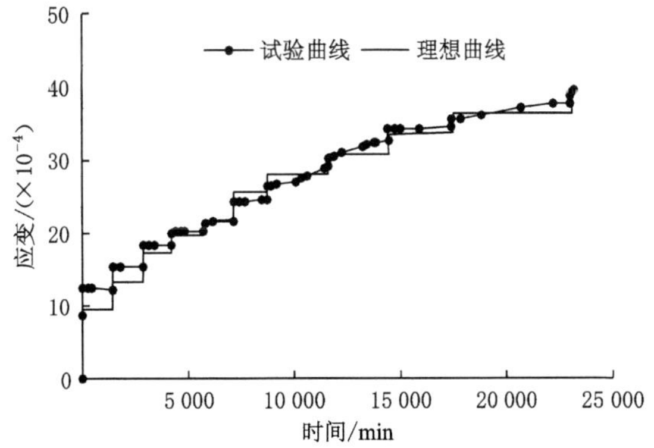

图 4-2 红砂岩试件 C-4 与理想弹性材料的轴向应变-时间关系曲线

从图 4-1 和图 4-2 可以看出，当应力水平较低时，试验得到的蠕变曲线高于理想弹性材料的蠕变曲线，并且加载瞬时试验蠕变的瞬时变形大于对应的理想弹性材料的瞬时变形，这是初始阶段试件中的原始裂隙被压闭合造成的，与岩石全应力-应变曲线中的压密阶段相对应。之后，随着应力水平的提高，试验蠕

变曲线与理想蠕变曲线比较接近，产生的瞬时变形量也基本相等。随着应力水平的进一步增大，理想蠕变曲线又明显高于试验蠕变曲线，试验蠕变曲线中的瞬时变形与相应的理想蠕变曲线瞬时变形相比，随应力水平提高而减小，即表明瞬时弹性模量发生硬化。若将试验蠕变曲线中低应力水平下的原始裂隙被压闭合而产生的形变除去，两条曲线的差距就会更大，而按照蠕变损伤的观点，应该是试验蠕变曲线高于理想蠕变曲线。

上述分析仅是对红砂岩试件和理想弹性材料轴向蠕变对比而言的，对两者的横向蠕变数据作同样的处理，并取理想弹性材料的泊松比 $\nu=0.3$，可以得到红砂岩试件 C-1、C-4 与理想弹性材料在单轴压缩分级加载条件下的横向应变-时间关系曲线，如图 4-3 和图 4-4 所示。

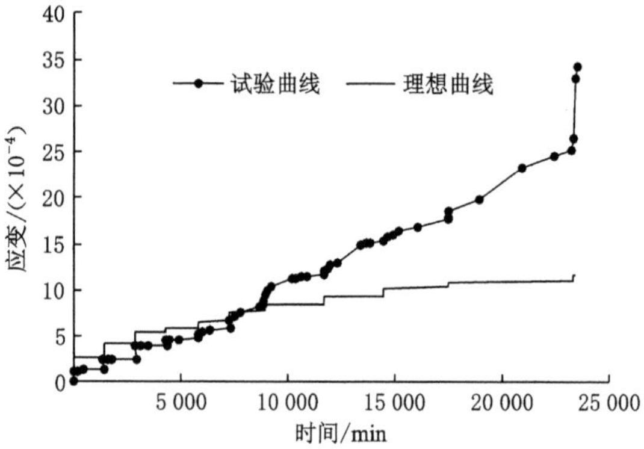

图 4-3　红砂岩试件 C-1 与理想弹性材料的横向应变-时间关系曲线

从图 4-3 与图 4-4 可以看出，在低应力水平下试验蠕变曲线明显低于理想蠕变曲线，即实测泊松比远小于平均泊松比。随着应力水平的增大，后半段的试验蠕变曲线又明显高于理想弹性材料的蠕变曲线，并且试验蠕变曲线中每一级应力下的瞬时加载变形均大于理想弹性材料的瞬时加载变形，应力水平越高，二者差值越大，这进一步证实岩石的横向力学性质确实发生了损伤。

通过上述对红砂岩试件和理想弹性材料的蠕变规律的对比分析，可以得到如下结论：

(1) 由 6 个红砂岩试件蠕变试验结果可以看出，在较低荷载作用下，红砂岩试件在最终破坏前都有一个长短不一的平稳变形阶段，该阶段的长短（破坏时间）与加载速率（加载间隔时间）或荷载水平有密切关系，加载间隔时间越短即加载速率越大，或荷载水平越高，该阶段持续的时间越短，反之亦然。另外，红

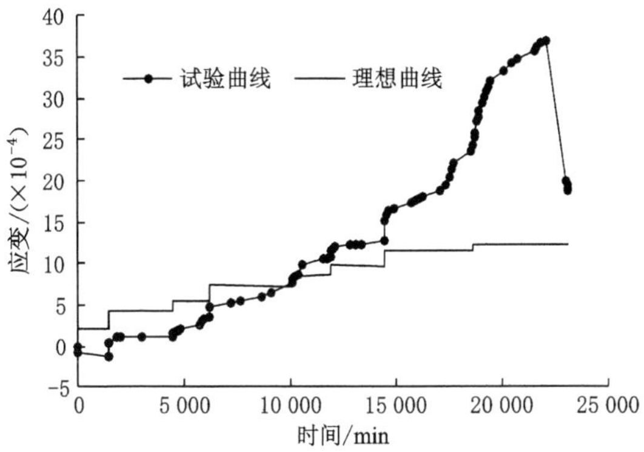

图 4-4　红砂岩试件 C-4 与理想弹性材料的横向应变-时间关系曲线

砂岩试件的强度还具有较强的时效性，加载间隔时间越短，红砂岩试件的破坏荷载越大。红砂岩试件强度的时效性还表现为破坏荷载(强度)与破坏时间密切相关，破坏时间越短，破坏荷载(强度)越高。这表明，受载时间越长，红砂岩试件所能承受的最大荷载越小。

(2) 在单轴压缩分级加载条件下，蠕变变形的发展使岩石的力学性质发生了变化，其总体表现为在轴向发生了硬化，而在横向则发生了软化即损伤。由于损伤和硬化都是内变量，不能用试验的方法将硬化和损伤分离开来研究，因此岩石轴向的总体硬化并不意味着轴向不存在损伤，否则轴向就不会有临近破坏时的加速蠕变阶段。同样，横向发生软化也并不意味着横向不存在硬化，因为横向的蠕变也存在衰减阶段。硬化机制和损伤机制二者同时存在，只是在不同方向、不同应力水平和不同时间段，由不同的机制占主导地位。

(3) 岩石轴向蠕变和横向蠕变既有相关联的一面，也存在相对独立的一面，并且横向蠕变比轴向蠕变对应力水平的反应要敏感得多，这一点对于巷道特别是软岩巷道的变形预计、稳定性分析和支护设计研究具有重要的参考意义。

(4) 蠕变是岩石材料的固有属性，虽然可以用损伤来描述岩石蠕变，但它与材料的损伤之间没有必然的因果关系。蠕变是非均匀的岩石材料对应力不均匀的适应性反应，并且是一种结构性的反应，这种适应性反应的结果使得应力的不均匀性在一定程度上得到均匀化，即应力的不均匀程度得到降低。这是蠕变变形与瞬时变形的本质区别，也是单轴压缩蠕变试验结果与常规单轴压缩试验结果存在很大不同的根本原因。

4.2 岩石应变硬化效应试验验证

前述分析是根据岩石分级加载条件下的蠕变试验结果进行的，在蠕变试验过程中，重力加载式扰动流变仪和应变量测系统包括电阻应变片的筛选、粘贴、焊接、测试以及电阻应变仪和压力传感器的工作都是正常的，并且6个红砂岩试件的蠕变试验结果都显示出具有相同的规律，因此可以认为试验结果是准确可靠的。但是，由于试验采用的重力加载式扰动流变仪是自行研制的专用设备而不是通用的商业产品，试验数据是手工定时采集记录的而不是仪器自动记录的，因此有必要进行进一步的蠕变试验，对岩石应变硬化现象加以验证。

4.2.1 岩石反复循环加卸载试验

为进行岩石反复循环加卸载试验提供加载与卸载依据，应通过单轴压缩试验得到红砂岩试件的单轴抗压强度。试验材料仍然选择质地均匀的红砂岩，试件的加工过程同前，试件为直径约 50 mm、高约 100 mm 的圆柱体标准试件，经过岩石声波速度测试，筛选出波速相近的3个红砂岩试件，用于做常规单轴压缩试验。试验设备采用 MTS815 伺服控制刚性试验机，通过试验测试得到了试件 D-1、D-2、D-3 的全应力-应变曲线，如图 4-5 至图 4-7 所示。

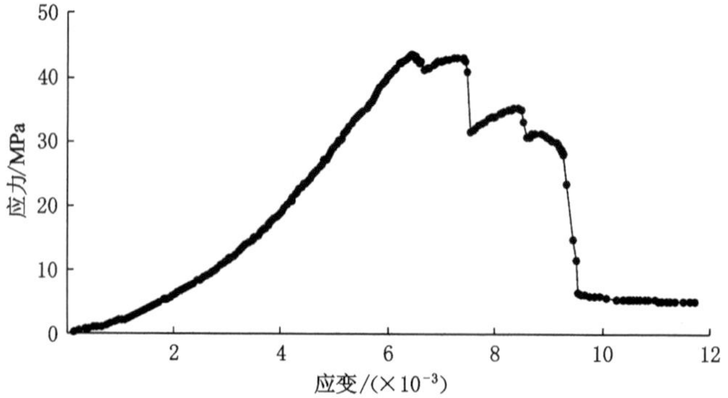

图 4-5　红砂岩试件 D-1 全应力-应变曲线

从3个试件的全应力-应变曲线可以看出，3个试件的单轴抗压强度比较接近，分别为 43.25 MPa、54.35 MPa 与 52.7 MPa，平均值为 50.1 MPa，3个试件的单轴抗压强度与其平均值的差值比分别为－13.7％、8.5％与5.2％，3个试件的极限应变分别为0.64％、0.69％与0.59％，平均值为0.64％。通过单轴压缩试验得到了红砂岩试件的单轴抗压强度，从而为进行反复循环加卸载试验提供

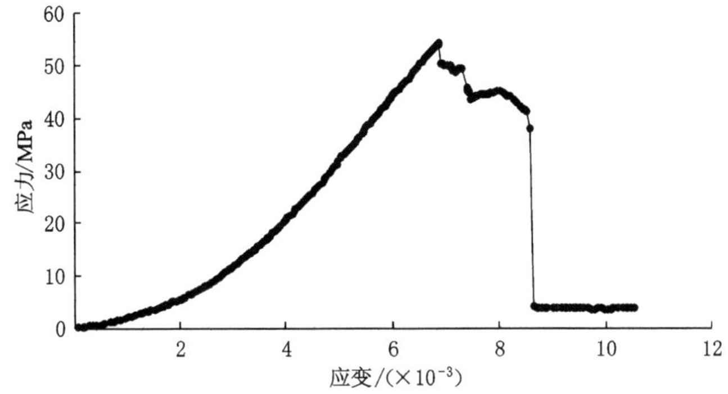

图 4-6 红砂岩试件 D-2 全应力-应变曲线

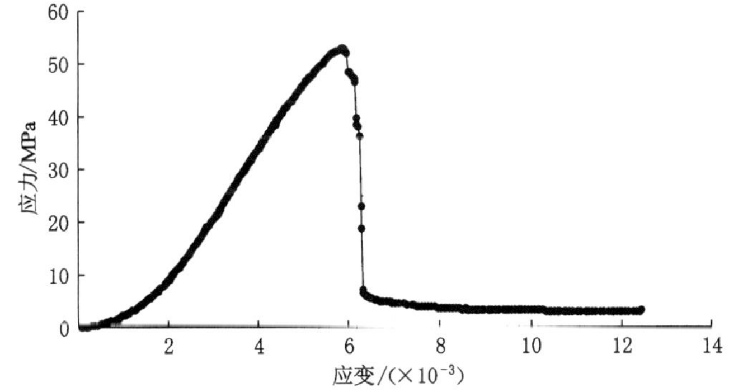

图 4-7 红砂岩试件 D-3 全应力-应变曲线

加载与卸载依据。

经过岩石声波速度测试，另外筛选出波速相近的 3 个红砂岩试件，用于做岩石反复循环加卸载试验。试验设备采用 MTS815 伺服控制刚性试验机，保持试验条件不变，即采用相同的位移加载速率，进行反复加卸载试验，通过试验测试得到 3 个试件 D-4、D-5、D-6 的反复循环加卸载应力-应变曲线，如图 4-8 至图4-10所示。

试件 D-4 的接触压力取为 0.5 kN，第一循环加载应力达到 46.94 MPa 时开始卸载，此卸载应力为常规单轴抗压强度平均值 50.1 MPa 的 93.69%，之后以相同的位移速率卸载至接触压力 0.5 kN，完成第一循环。第二循环加载至 46.80 MPa 时开始卸载，此卸载应力为常规单轴抗压强度平均值的 93.41%，然后同样以相同的位移速率卸载至 0.5 kN。第三循环加载至试件破坏，此时极限应力为 54.19 MPa，该极限应力大于常规单轴抗压强度平均值 50.1 MPa，接近最大值 54.35 MPa。由于岩石试件力学性质的离散性，从该试件的试验结果不

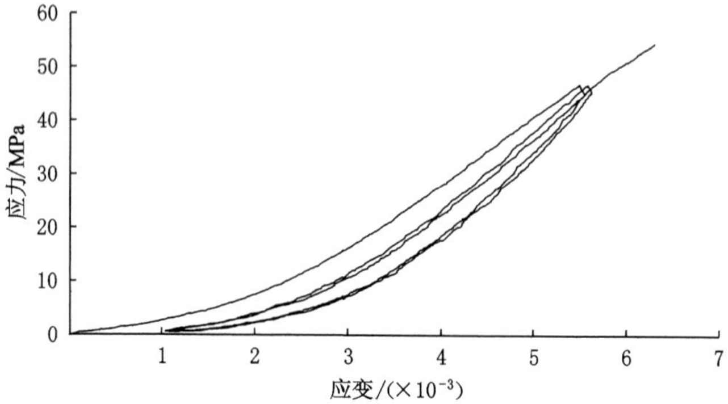

图 4-8　红砂岩试件 D-4 反复循环加卸载应力-应变曲线

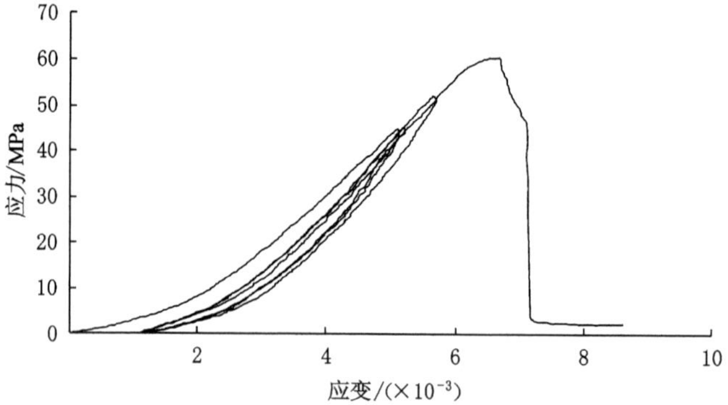

图 4-9　红砂岩试件 D-5 反复循环加卸载应力-应变曲线

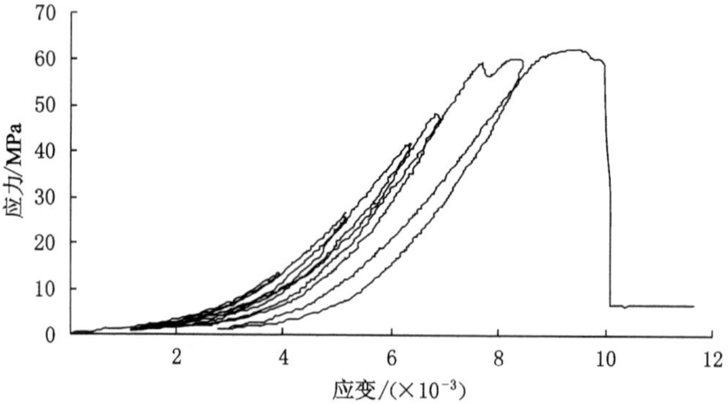

图 4-10　红砂岩试件 D-6 反复循环加卸载应力-应变曲线

足以判断单轴抗压强度的强化特性，但从该试件反复循环加卸载应力-应变曲线图中可以看出：

(1) 卸载部分的直线段斜率几乎是完全相同的，加载部分的直线段斜率则明显不同，其中第一循环加载直线段斜率最小，而后两循环的加载直线段的斜率较大，并且比较接近。各循环中卸载直线段的斜率接近相等，且均大于加载直线段的斜率。这说明，在反复循环加卸载试验中卸载模量几乎不变，而加载模量在一个循环后增大了。

(2) 在反复循环加卸载曲线中，卸载部分和加载部分同为曲线，其形状相似，但有残余变形。一般认为卸载总是弹性的，但试验证明并非如此，"卸载总是弹性的"对于部分卸载是正确的，对于完全卸载则是错误的。

(3) 反复循环加卸载曲线中的加载线与卸载线均构成一个滞回环，随着卸载应力的增大，在应力-应变曲线上表现出滞回环的面积增大，并且滞回环的平均斜率也会稍有提高，这反映了岩石在加卸载试验过程中，消耗于裂隙的扩展和部分闭合的裂隙面的摩擦所做的功也将随之增大。

试件 D 5 的接触压力也取为 0.5 kN，第一循环加载至 45.41 MPa 时进行卸载，此卸载应力为常规单轴抗压强度平均值 50.1 MPa 的 90.64%，之后卸载至接触压力 0.5 kN，完成第一循环；第二循环加载至 45.6 MPa 时进行卸载，此卸载应力为常规单轴抗压强度平均值的 91.02%；第三循环的卸载应力为 45.77 MPa，此卸载应力为常规单轴抗压强度平均值的 91.36%；第四循环的卸载应力为 52.81 MPa，此卸载应力为常规单轴抗压强度平均值的 105.41%；第五循环加载至 60.45 MPa 时试件破坏，此卸载应力为常规单轴抗压强度平均值的 120.66%，该应力为试件的破坏极限应力，该试件的变形破坏规律与 D-4 试件基本相同。

试件 D-6 采用由低到高逐渐增大荷载的方式进行循环加卸载，共进行了6 个循环，其卸载应力分别为 12.92 MPa、26.74 MPa、42.17 MPa、48.1 MPa、60.23 MPa、62.35 MPa，分别为常规单轴抗压强度平均值的 25.79%、53.37%、84.17%、96.01%、120.22%、124.45%，该试件的破坏极限应力为 62.35 MPa。其变形破坏规律与前两个试件基本相同，不同之处在于第五循环的卸载应力与该试件的破坏极限应力比较接近，塑性变形特性较明显，破坏极限应变明显增大。

从反复循环加卸载试验得到 3 个红砂岩试件的极限破坏应力分别为 54.19 MPa、60.45 MPa、62.35 MPa，平均值为 59 MPa，高出常规单轴抗压强度平均值 17.76%；各试件卸载模量均大于加载模量，而且后循环加载模量均大于初次加载模量。只有当循环卸载应力接近破坏极限应力时，加载模量才会略有降低，但其仍然大于初始加载模量。由此可见，岩石在循环加卸载条件下的破坏与一次加载破坏是有区别的，循环加卸载条件下的极限应力、极限应变以及加载模量均有增加，说明经过瞬时变形后岩石发生了硬化。由于本试验的目的仅是验证变形对于岩石的硬化效应，而不是研究岩石的循环破坏规律，并且循环加卸载的次数较少，只有 3～6 次循环，因此，上述结论是否适用于周期荷载下的疲劳破坏有待进一步的试验验证。

4.2.2 岩石分级加载短程蠕变试验

选取一组(2 个)与上述试验相同的红砂岩试件，试件直径约 50 mm、高约 100 mm，进行分级加载短程蠕变试验，试验仪器为 MTS815 伺服控制刚性试验机。试验时，首先将加载应力增加至常规单轴抗压强度平均值的 60%左右，保持荷载不变，让试件蠕变一段时间，然后再按照相同的加载速率逐级加载，直至试件破坏。试验结果如图 4-11 至图 4-14 所示。

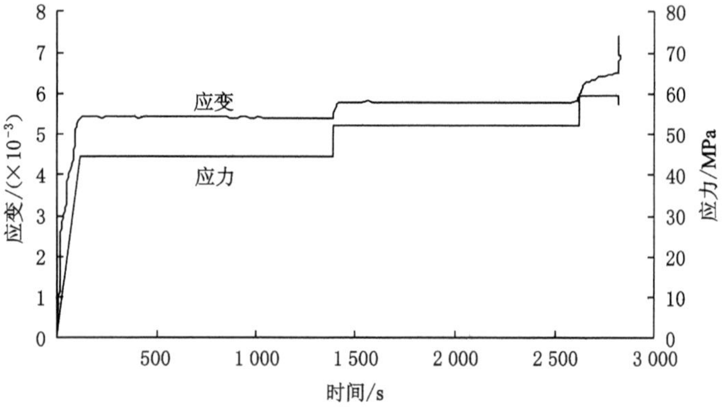

图 4-11　红砂岩试件 SC-1 短程蠕变试验曲线

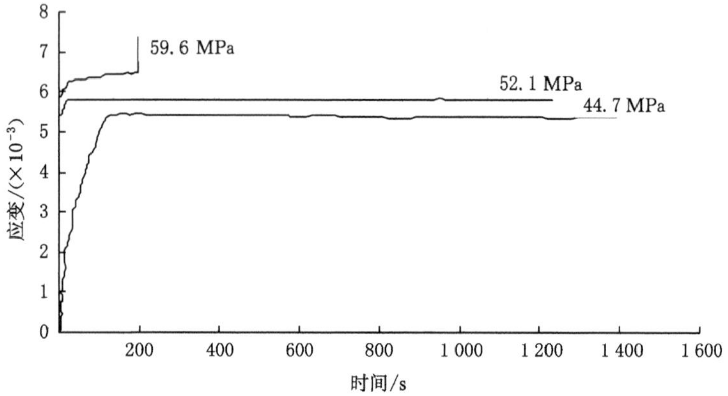

图 4-12　红砂岩试件 SC-1 短程蠕变试验分级曲线

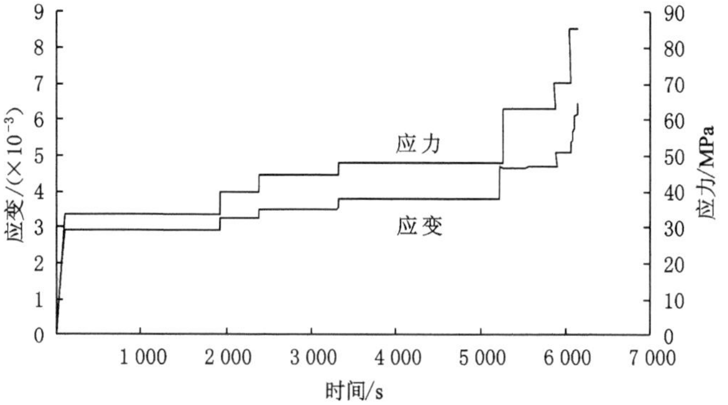

图 4-13 红砂岩试件 SC-2 短程蠕变试验曲线

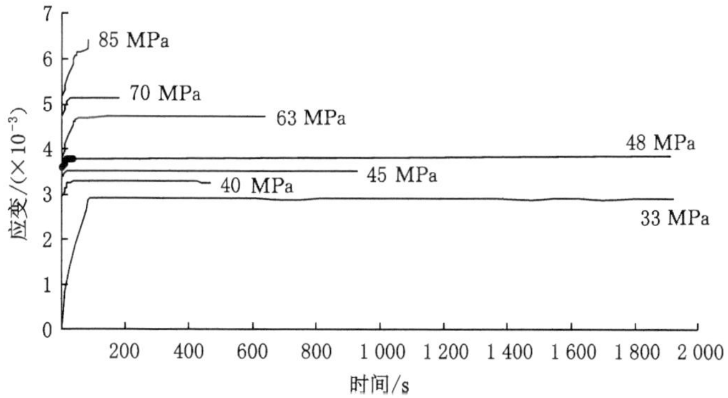

图 4-14 红砂岩试件 SC-2 短程蠕变试验分级曲线

对于第一个试件 SC-1，第一级加载荷载为 44.7 MPa，蠕变时间为 25 min，加载模量为 1.55×10^4 MPa；第二级加载荷载为 52.1 MPa，蠕变时间为 22 min，加载模量为 1.94×10^4 MPa；第三级加载荷载为 59.6 MPa，持续加载 3 min 后试件破坏，加载模量为 2.14×10^4 MPa。

第二个试件 SC-2 共分 7 级荷载加载，分别为 33 MPa、40 MPa、45 MPa、48 MPa、63 MPa、70 MPa、85 MPa；蠕变时间分别为 35 min、10 min、15 min、35 min、13 min、3 min、1.5 min，最后一级荷载持续很短的时间试件便发生破坏；加载模量分别为 1.86×10^4 MPa、1.98×10^4 MPa、2.13×10^4 MPa、2.26×10^4 MPa、2.52×10^4 MPa、2.64×10^4 MPa、2.45×10^4 MPa。

从红砂岩试件分级加载短程蠕变试验可看出，虽然在各级荷载作用下蠕变持续的时间很短，最长的蠕变时间也仅有 35 min，但是加载瞬时变形模量的增加还是非常明显的，除了 SC-2 试件在最后一级荷载下的加载模量降低外（该级荷载仅持续 1.5 min 试件即发生破坏），其余各级荷载下的加载模量均出现增大的现象。

4.2.3 岩石分级加载长程蠕变试验

前面已经对红砂岩的长程蠕变试验进行了分析，此处结合山东能源龙口矿业集团有限公司北皂煤矿软岩的流变试验进一步说明分级加载条件下岩石的蠕变特点，即软岩在较低应力水平下经过一段时间的蠕变后再对其进行加载，试件同样明显地表现出应变硬化效应。

北皂煤矿可开采煤层和油页岩分别为 3 层和 2 层，总计厚度达到 13.74 m，井田内 2 煤顶底板岩层多为油页岩、泥岩和含油泥岩。根据该矿以往的巷道支护经验，陆地范围的巷道稳定性较差，较难支护；而海域下 2 煤顶板含油泥岩，吸水泥化并且软弱破碎，巷道支护更加困难。该矿 2 煤顶底板岩石强度很低，易遇水膨胀软化或泥化，抗风化性差，是典型的极软弱岩层矿区。

北皂煤矿软岩蠕变试验试样分为两组：一组岩芯取自井下的海域地应力测量钻孔；另一组取自地面钻孔观 5 钻孔。岩样特征参数如表 4-1 所示。试验仪器采用 MTS815 伺服控制刚性试验机和自行研制的岩石流变扰动效应三轴试验仪。试验时，从每组试件中随机取出 1 个，测出其单轴抗压强度和极限应变，作为蠕变试验分级加载的依据。蠕变试验分级加载时，每级荷载的加载速率取为 0.5～1.0 MPa/s，每级荷载的流变测试时间为 2 d。每级荷载加载完成后，立即读取应变数；之后 1 h 内，按 5 min、10 min、15 min、30 min 间隔时间读数；而后按 1 h、2 h、4 h、8 h 间隔时间读数。随时观察蠕变曲线的形态，调整荷载级别，直至试件破坏。

表 4-1 试验岩样特征参数

序号	试件编号	采样位置	采样深度/m	岩性	试件尺寸/mm	
					高度	直径
1	SR-1	－350 水平大巷	354.6	泥岩	96	46
2	SR-2					
3	SR-3	“三带”观测巷	351.7	含油泥岩	97	47
4	SR-4					
5	SR-5	主探巷	322.6	含油泥岩	97	47
6	SR-6					
7	SR-7	观 5 钻孔 2 煤顶板	297.58	含油泥岩	120	57
8	SR-8					
9	SR-9	观 5 钻孔 2 煤底板	301.23	泥岩与砂岩互层	120	57
10	SR-10					

4.2.3.1　*岩石长程蠕变试验结果*

(1) －350 水平大巷取样试验

从－350 水平大巷地应力测量钻孔采取岩芯，加工成高度为 96 mm、直径为 46 mm的试件(共 2 个)。其中，1 个试件用于做单轴常规试验，以测定其单轴抗压强度，作为分级蠕变试验时的分级加载依据；另 1 个试件用于进行分级加载蠕变试验。

通过对试件 SR-1 进行单轴常规试验，得到该试件的单轴抗压强度为 15.05 MPa，对应的极限应变为 2.326%，如图 4-15 所示。根据试件 SR-1 的单轴抗压强度和流变仪的砝码大小，将试件 SR-2 蠕变试验加载荷载分为 9 级，分别为 1.0 MPa、2.6 MPa、5.2 MPa、6.2 MPa、7.2 MPa、8.5 MPa、9.7 MPa、10.9 MPa、12.1 MPa，试验总历时 341 h，得到试件 SR-2 蠕变试验曲线及分级荷载蠕变曲线如图 4-16 和图 4-17 所示。

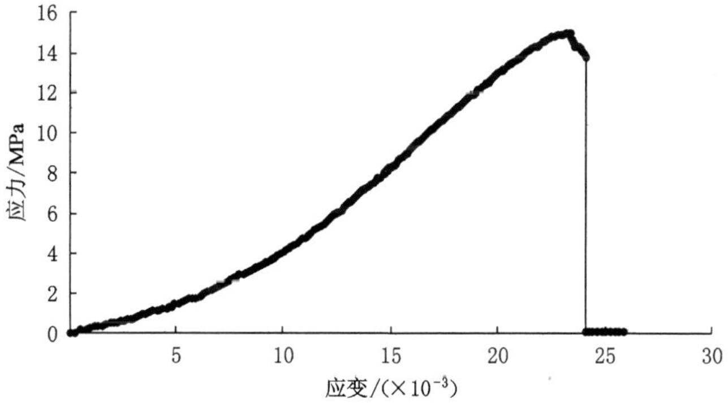

图 4-15　－350 水平大巷试件 SR-1 全应力-应变曲线

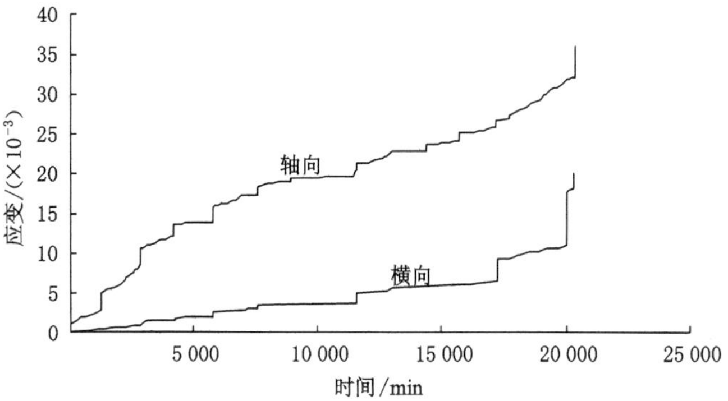

图 4-16　－350 水平大巷试件 SR-2 蠕变试验曲线

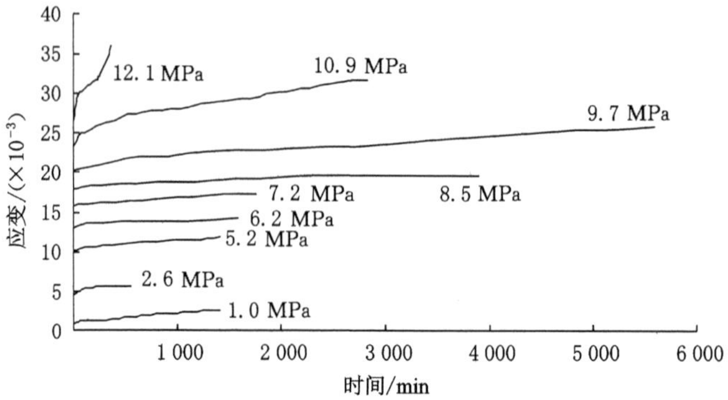

图 4-17　-350 水平大巷试件 SR-2 蠕变试验分级曲线

(2)"三带"观测巷取样试验

从"三带"观测巷地应力测试钻孔采取岩芯，岩性为含油泥岩，将其加工成高度为 97 mm、直径为 47 mm 的试件(共 2 个)。其中，1 个试件用于测定其单轴抗压强度与极限应变，另 1 个试件用于进行分级加载蠕变试验。

通过对试件 SR-3 进行单轴常规试验，得到该试件的单轴抗压强度为 11.56 MPa，对应的极限应变为 1.15%，如图 4-18 所示。根据试件 SR-3 的单轴抗压强度和流变仪的砝码大小，将试件 SR-4 蠕变试验加载荷载分为 0.9 MPa、2.3 MPa、4.6 MPa、5.5 MPa、6.4 MPa、7.5 MPa、8.6 MPa、9.6 MPa、10.7 MPa 共 9 级，试验总历时 273 h，得到试件 SR-4 蠕变试验曲线及分级荷载蠕变曲线如图 4-19和图 4-20 所示。

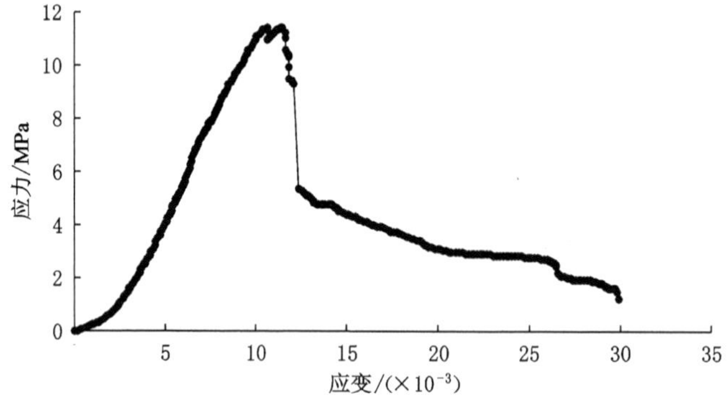

图 4-18　"三带"观测巷试件 SR-3 全应力-应变曲线

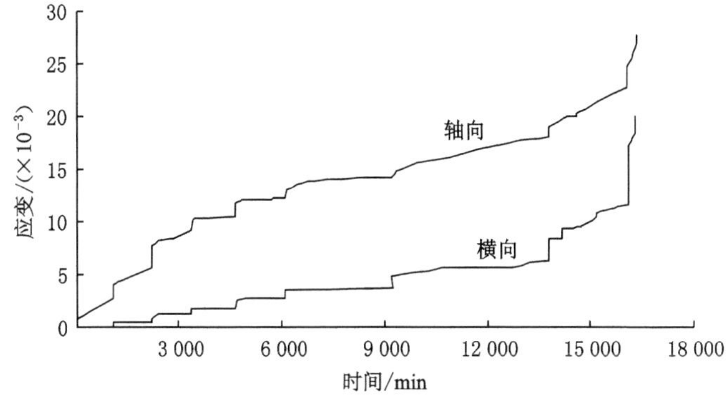

图 4-19 “三带”观测巷试件 SR-4 蠕变试验曲线

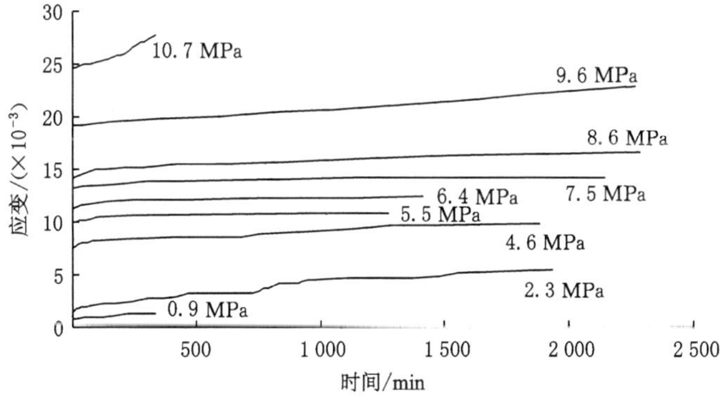

图 4-20 “三带”观测巷试件 SR-4 蠕变试验分级曲线

(3) 主探巷取样试验

从主探巷地应力测试钻孔采取岩芯，岩性为含油泥岩，将岩芯加工成高度为 97 mm、直径为 47 mm 的试件(共 2 个)。其中，1 个试件用于测定其单轴抗压强度与极限应变，另 1 个试件用于进行分级加载蠕变试验。

通过对试件 SR-5 进行单轴常规试验，得到该试件的单轴抗压强度为 10.47 MPa，对应的极限应变为 1.59%，如图 4-21 所示。根据试件 SR-5 的单轴抗压强度和流变仪的砝码大小，将试件 SR-6 蠕变试验加载荷载分为 0.9 MPa、2.3 MPa、4.0 MPa、5.2 MPa、6.3 MPa、7.5 MPa、8.6 MPa、9.6 MPa 共 8 级，试验总历时 308 h，得到试件 SR-6 蠕变试验曲线及分级荷载蠕变曲线如图 4-22 和图 4-23 所示。

(4) 观 5 钻孔 2 煤顶板取样试验

从地面观 5 钻孔 2 煤顶板中采取岩芯，岩性为含油泥岩，将岩芯加工成高度

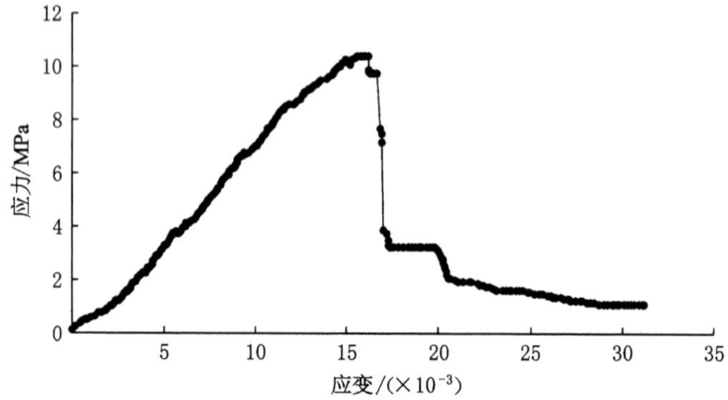

图 4-21　主探巷试件 SR-5 全应力-应变曲线

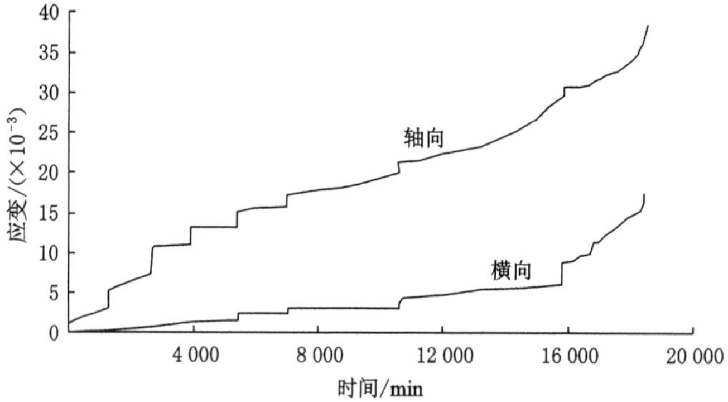

图 4-22　主探巷试件 SR-6 蠕变试验曲线

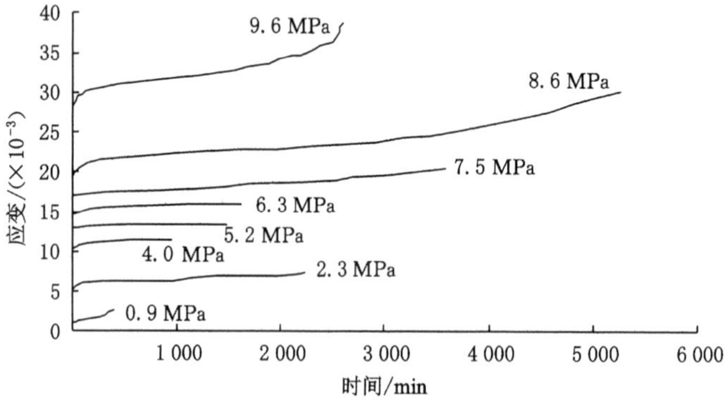

图 4-23　主探巷试件 SR-6 蠕变试验分级曲线

为 120 mm、直径为 57 mm 的试件(共 2 个)。其中,1 个试件用于测定其单轴抗压强度与极限应变,另 1 个试件用于进行分级加载蠕变试验。

通过对试件 SR-7 进行单轴常规试验,得到该试件的单轴抗压强度为 10.06 MPa,对应的极限应变为 1.38%,如图 4-24 所示。根据试件 SR-7 的单轴抗压强度和流变仪的砝码大小,将试件 SR-8 蠕变试验加载荷载分为 0.9 MPa、2.4 MPa、4.8 MPa、6.0 MPa、7.2 MPa、8.5 MPa 共 6 级,试验总历时 303 h,得到试件 SR-8 蠕变试验曲线及分级荷载蠕变曲线如图 4-25 和图 4-26 所示。

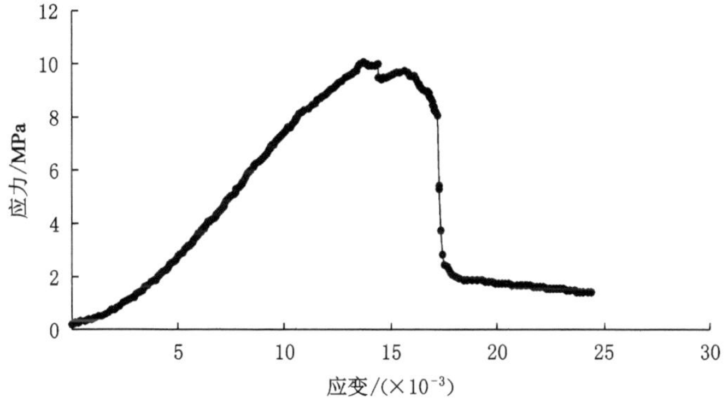

图 4-24　观 5 钻孔 2 煤顶板试件 SR-7 全应力-应变曲线

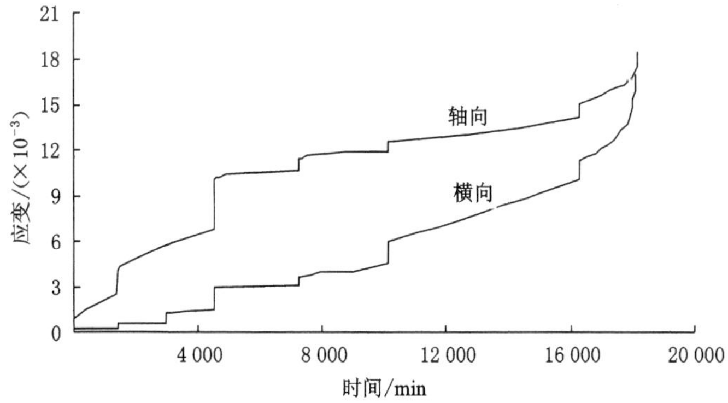

图 4-25　观 5 钻孔 2 煤顶板试件 SR-8 蠕变试验曲线

(5) 观 5 钻孔 2 煤底板取样试验

从地面观 5 钻孔 2 煤底板中采取岩芯,岩性为泥岩与砂岩互层,将岩芯加工成高度为 120 mm、直径为 57 mm 的试件(共 2 个)。其中,1 个试件用于测定其单轴抗压强度与极限应变,另 1 个试件用于进行分级加载蠕变试验。

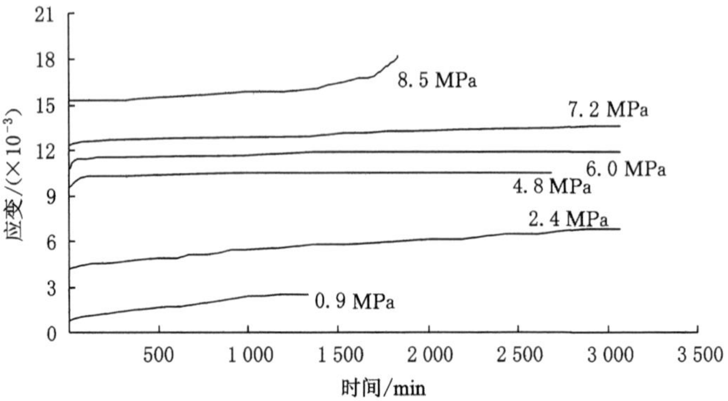

图 4-26　观 5 钻孔 2 煤顶板试件 SR-8 蠕变试验分级曲线

通过对试件 SR-9 进行单轴常规试验，得到该试件的单轴抗压强度为 8.23 MPa，对应的极限应变为 1.99%，如图 4-27 所示。根据试件 SR-9 的单轴抗压强度和流变仪的砝码大小，将试件 SR-10 蠕变试验加载荷载分为2.4 MPa、4.8 MPa 与 6.0 MPa 共 3 级，试验总历时 178 h，得到试件 SR-10 蠕变试验曲线及分级荷载蠕变曲线如图 4-28 和图 4-29 所示。

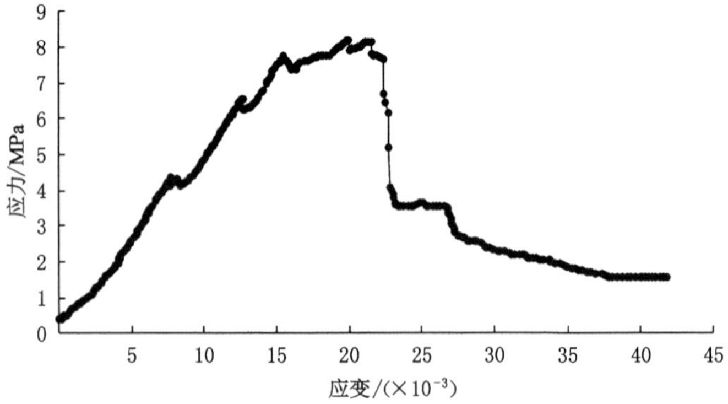

图 4-27　观 5 钻孔 2 煤底板试件 SR-9 全应力-应变曲线

4.2.3.2　*岩石蠕变曲线拟合分析*

当岩石所受外力大于其长期强度时，完整岩石试件的蠕变曲线由 3 个区段组成，如图 4-30 所示，分别描述了岩石试件发生蠕变时的蠕变曲线(ε-t)、蠕变速率曲线($\dot{\varepsilon}$-t)和蠕变加速度曲线($\ddot{\varepsilon}$-t)。通过分析可知，该蠕变曲线可分为初期蠕变、稳态蠕变和加速蠕变 3 个阶段，分别对应图中的 AB，BC，CD 段，为进行曲线拟合而选取的流变模型应能反映实际岩石的变形特性。

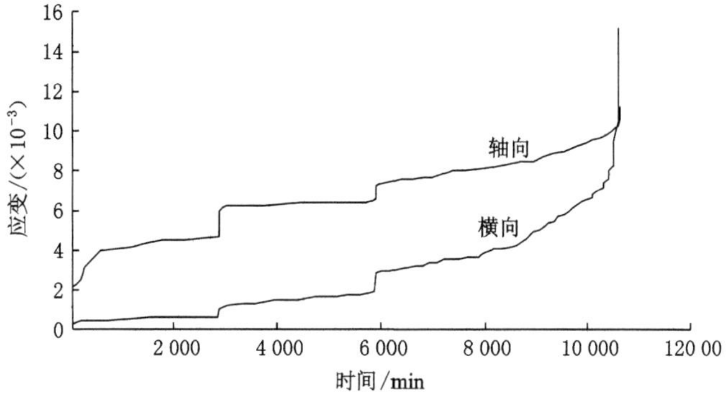

图 4-28　观 5 钻孔 2 煤底板试件 SR-10 蠕变试验曲线

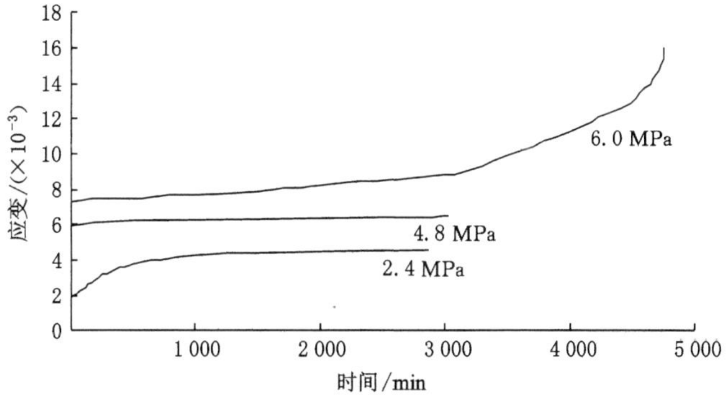

图 4-29　观 5 钻孔 2 煤底板试件 SR-10 蠕变试验分级曲线

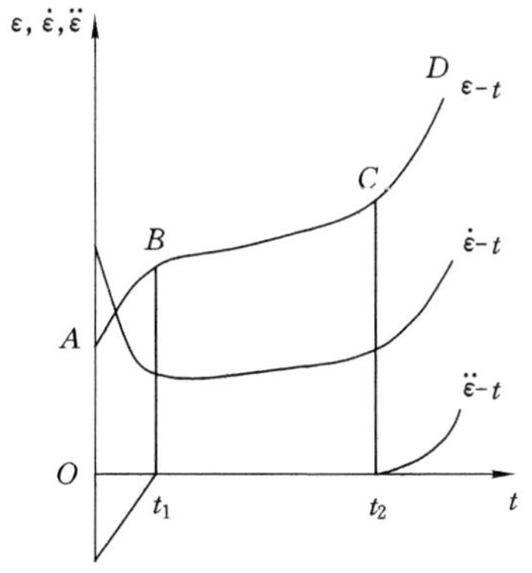

图 4-30　岩石的蠕变特性曲线

由上述北皂煤矿岩样蠕变的室内试验结果可以看出软岩蠕变试验曲线有以下几个特点：

① 在施加瞬时应力 σ 后，立刻产生瞬时的弹性应变 $\varepsilon=\sigma/E$，所以，流变模型中应包含弹性元件。

② 试验得到的蠕变曲线都反映出应变随时间延长而增大的趋势，因此，流变模型中应包含黏性元件。

③ 从低应力水平下的卸载曲线可以发现，将应力降低到某一固定值的瞬间，应变有一部分瞬时恢复，且随时间的延长卸载后应变渐渐恢复，这一特征与开尔文模型相似。

④ 低应力水平下的蠕变曲线，当 $t\to\infty$ 时，应变将趋于某一固定值，与广义开尔文模型的应变-时间曲线类似。

⑤ 当应力水平大于某一固定值后，应变随时间的延长无限增加，并不收敛于某一固定值。

根据以上几个特性可以看出，当应力水平较低时，开始变形较快，一段时间后逐渐趋于稳定，此时相当于广义开尔文模型，又称为标准线性体模型；当应力水平等于或大于某一临界值后，逐渐转化为不稳定状态，此时相当于伯格斯模型。要全面反映软岩材料的力学特性，应采用广义开尔文模型与伯格斯模型的组合，即目前岩石流变学中广泛采用的能反映岩石弹-黏弹-黏塑性特性的西原模型。

西原模型能反映岩石蠕变的两种状态，全面体现岩石的弹-黏弹-黏塑性特性，特别适用于描述软岩的流变特征。西原模型为五元件模型，实质上由胡克体、黏弹性体与黏塑性体串联而成，西原流变模型如图 4-31 所示。

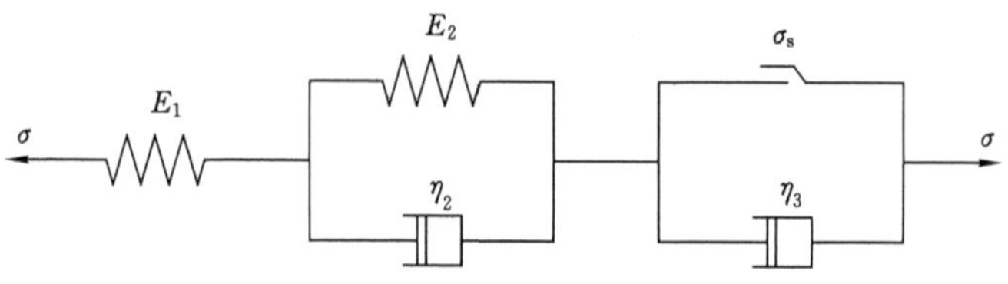

图 4-31　西原流变模型

西原模型的本构方程为：

$$\varepsilon(t)=\begin{cases}\dfrac{\sigma_0}{E_1}+\dfrac{\sigma_0}{E_2}\left[1-\exp\left(-\dfrac{E_2}{\eta_2}t\right)\right] & \sigma_0\leqslant\sigma_s\\[2ex] \dfrac{\sigma_0}{E_1}+\dfrac{\sigma_0}{E_2}\left[1-\exp\left(-\dfrac{E_2}{\eta_2}t\right)\right]+\dfrac{\sigma_0-\sigma_s}{\eta_3}t & \sigma_0>\sigma_s\end{cases}\tag{4-2}$$

式中 E_1, E_2——胡克体中线性弹簧的弹性模量，MPa；

η_2, η_3——黏塑性体黏滞系数，Pa·s；

σ_s——材料的屈服极限，MPa；

σ_0——模型所受外荷载，MPa；

ε——模型应变。

选取西原模型，采用基于 Matlab 的非线性优化程序对试验曲线进行非线性分析。已知输入量（时间 t）和输出量（应变 ε），并且知道 t 和 ε 的函数关系为 $\varepsilon = F(x,t)$，此处的函数 F 即西原模型，但不知道系数 x。现进行非线性优化分析，求 x 使得下式成立：

$$\min_x \frac{1}{2}\|F(x,t)-\varepsilon\|_2^2 = \frac{1}{2}\sum_i [F(x,t_i)-\varepsilon_i]^2 \tag{4-3}$$

选取西原模型，对观 5 钻孔 2 煤顶板试件 SR-8 的试验曲线进行非线性优化分析，结果如下。

（1）当轴向应力为 4.8 MPa 时，只有第一阶段蠕变，本构方程为：

$$\varepsilon = \frac{\sigma_0}{E_1} + \frac{\sigma_0}{E_2}\left[1-\exp(-\frac{E_2}{\eta_2}t)\right] \tag{4-4}$$

将试验数据代入进行非线性优化分析得：$E_1 = 717$ MPa，$E_2 = 5\ 278$ MPa，$\eta_2 = 0.64 \times 10^{14}$ Pa·s，残差平方和为 3.237 8。将拟合所得参数代入式(4-4)得应变与时间的关系式为：

$$\varepsilon = 0.007\ 6 - 0.000\ 91\exp(-0.004\ 95t)$$

（2）当轴向应力为 6 MPa 时，有第二阶段蠕变，本构方程为：

$$\varepsilon = \frac{\sigma_0}{E_1} + \frac{\sigma_0}{E_2}\left[1-\exp(-\frac{E_2}{\eta_2}t)\right] + \frac{\sigma_0 - \sigma_s}{\eta_3}t \tag{4-5}$$

将试验数据代入进行非线性优化分析得：$E_1 = 700$ MPa，$E_2 = 7\ 900$ MPa，$\eta_2 = 1.8 \times 10^{11}$ Pa·s，$\eta_3 = 0.97 \times 10^{14}$ Pa·s，残差平方和为 0.119 0。将拟合所得参数代入式(4-5)得应变与时间的关系式为：

$$\varepsilon = 0.009\ 33 - 0.000\ 76\exp(-0.043\ 9t) + 4.330 \times 10^{-7}t$$

（3）当轴向应力为 7.2 MPa 时，前段为第二阶段蠕变，本构方程为：

$$\varepsilon = \frac{\sigma_0}{E_1} + \frac{\sigma_0}{E_2}\left[1-\exp(-\frac{E_2}{\eta_2}t)\right] + \frac{\sigma_0 - \sigma_s}{\eta_3}t \tag{4-6}$$

将试验数据代入进行非线性优化分析得：$E_1 = 700$ MPa，$E_2 = 13\ 500$ MPa，$\eta_2 = 4.2 \times 10^{11}$ Pa·s，$\eta_3 = 2.2 \times 10^{14}$ Pa·s，残差平方和为 0.080 7。将拟合所得参数代入式(4-6)得应变与时间的关系式为：

$$\varepsilon = 0.010\ 82 - 0.000\ 53\exp(-0.032\ 14t) + 5.182 \times 10^{-7}t$$

将优化系数代入西原模型，所得分级蠕变拟合曲线与岩石蠕变试验分级曲线的形态特征相似，拟合计算表明两曲线吻合效果良好。基于西原流变模型，求出了岩石的流变参数，见表 4-2。

表 4-2　岩石蠕变测试成果

采样位置	岩石名称	单轴抗压强度 σ_c/MPa	弹-黏弹 $(E_1/E_2/\eta_3)$/(MPa/MPa/Pa·s)	弹-黏弹-黏塑 $(E_1/E_2/\eta_3)$/(MPa/MPa/Pa·s)	长期强度 σ_s/MPa	(σ_s/σ_c)/%
−350 水平大巷	泥岩	15.05	$470/5\,800/4.14\times10^{14}$	$510/2\,610/6.0\times10^{13}$	8.5	56.5
				$530/3\,800/7.8\times10^{13}$		
“三带”观测巷	含油泥岩	11.56	$560/8\,500/2.1\times10^{14}$	$565/4\,200/8.1\times10^{13}$	7.5	64.9
				$600/10\,222/1\times10^{14}$		
主探巷	含油泥岩	10.47	$422/6\,200/2.3\times10^{14}$	$516/2\,200/9.9\times10^{13}$	6.3	60.2
				$540/2\,400/9.1\times10^{13}$		
				$400/1\,400/1.03\times10^{14}$		
观 5 钻孔 2 煤顶板	含油泥岩	10.06	$717/5\,278/0.64\times10^{14}$	$780/7\,900/9.7\times10^{13}$	5.3	52.7
				$780/13\,500/2.2\times10^{14}$		
观 5 钻孔 2 煤底板	泥岩与砂岩互层	8.23	$690/10\,700/2.3\times10^{14}$	$890/12\,500/1.27\times10^{14}$	4.7	57.1
				$1\,043/3\,295/4.4\times10^{13}$		

表 4-2 中的第 4 列为只产生第一阶段蠕变的上限应力水平的蠕变参数，由此可以确定岩石等速蠕变阈值，对之前的各级应力水平下的蠕变未作拟合。第 5 列为稳定蠕变阶段各级应力水平的蠕变参数。由于第三蠕变阶段一般经历的时间很短，一经出现试件便很快破坏，在手工记录的条件下，数据的误差较大，因此未对第三蠕变阶段进行拟合。从表 4-2 可以看出，对于同一试件而言，随着施加应力水平的提高，岩石的瞬时变形模量均有增大，而且大部分试件的黏滞系数也有不同程度的增加。

综上所述，在红砂岩的反复循环加卸载试验、分级加载短程蠕变试验以及软岩的分级加载长程蠕变试验中，试件在轴向均产生了不同程度的应变硬化现象，从而证明了本章第一节的结论是正确的。因此，在荷载逐步变化的情况下，建立蠕变方程时应该考虑岩石的硬化效应。

4.3　岩石本构方程及其验证

基于前述的试验结果及分析，在分级加载条件下，建立岩石的蠕变方程应该考虑如下两点：① 岩石轴向变形的硬化效应，即弹性模量随应变或者时间的增长而增大的现象；② 横向的软化现象。

4.3.1　本构方程的建立

第3章中已经建立了恒载条件下考虑损伤和硬化的本构方程以及考虑损伤软化的横向蠕变方程。对于分级加载条件下弹性模量的硬化现象，只需要在第3章分析的基础上，在弹性模量中引入一个硬化函数即可。

仿照式(3-36)，引入硬化函数 H_1：

$$H_1 = C_1\sigma^{\lambda}t^{\beta} \tag{4-7}$$

则有效模量为：

$$\widetilde{E} = E(\sigma,t) = E_0(1-D)H_1 \tag{4-8}$$

式中，损伤变量 D 与第3章中的定义相同。由式(3-27)得：

$$\begin{aligned}\varepsilon_1 &= \frac{\sigma}{E(\sigma,t)} = \frac{C_1\sigma^{1-\lambda}t^{-\beta}}{E_0(1-t/t_{\mathrm{R}})^{1/(k+1)}} \\ &= C\sigma^{1-\lambda}t^{-\beta}(1-t/t_{\mathrm{R}})^{-1/(k+1)}\end{aligned} \tag{4-9}$$

将式(4-9)和式(3-38)代入式(3-29)得：

$$\varepsilon = [C\sigma^{-\lambda}t^{-\beta}(1-t/t_{\mathrm{R}})^{-1/(k+1)} + B\sigma^{-r}t^{\alpha}]\sigma \tag{4-10}$$

或者进一步改写为：

$$\varepsilon = C\sigma^{n}t^{-\beta}(1-t/t_{\mathrm{R}})^{-1/(k+1)} + B\sigma^{m}t^{\alpha} \tag{4-11}$$

式中，$n=1-\lambda, 0<n<1; m=1-\gamma, 0<m<1$。

式(4-10)或式(4-11)即考虑损伤软化和应变硬化的岩石轴向蠕变方程。

横向蠕变方程可按第3章中同样的方法给出，记轴向应变为 ε_1，横向应变为 ε_2，则：

$$\varepsilon_2 = -\widetilde{\nu}\varepsilon_1 \tag{4-12}$$

式中，$\widetilde{\nu}$ 的表达式为式(3-43)和；ε_1 的表达式为式(4-9)。

4.3.2　本构方程的验证

对本构方程(4-11)和(4-12)进行验证时，首先在分级加载蠕变试验中任意选取一级荷载下的蠕变时间、应力数据，采用基于 Matlab 的非线性数据拟合方法，求出方程(4-11)中的材料常数。然后将得到的材料常数及本构方程应用于该试件的蠕变全过程，便可得到分级加载条件下蠕变试验拟合曲线，并与试验曲线进行比较。图4-32至图4-35分别是红砂岩试件C-2和C-4的轴向、横向蠕变试验曲线与拟合曲线对比图。

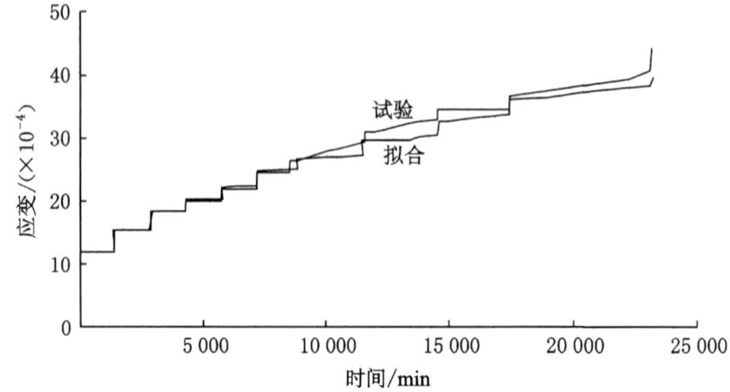

图 4-32　红砂岩试件 C-2 轴向蠕变试验与轴向拟合曲线

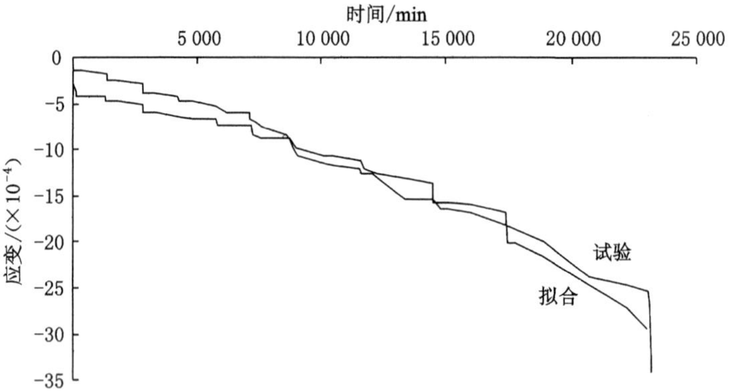

图 4-33　红砂岩试件 C-2 横向蠕变试验与横向拟合曲线

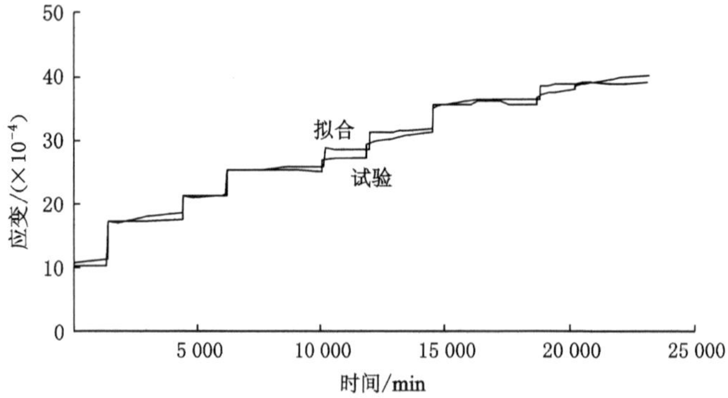

图 4-34　红砂岩试件 C-4 轴向蠕变试验与轴向拟合曲线

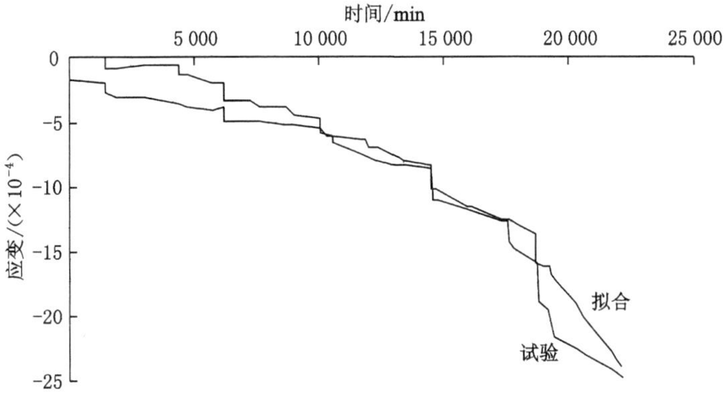

图 4-35　红砂岩试件 C-4 横向蠕变试验与横向拟合曲线

从图 4-32 至图 4-35 可以看出，岩石轴向拟合曲线在蠕变的全过程中都与试验曲线吻合得较好，而横向拟合曲线在蠕变初始阶段与试验曲线离散性较大，蠕变后期二者的吻合性较好。究其原因，一方面是在岩石蠕变初期试件处于压密阶段，此时泊松比较小，该值并不能代表岩石材料真实的泊松比，因而蠕变初期拟合曲线比试验曲线更能真实地反映岩石的变形特性，采用拟合曲线可能更合理；另一方面是在建立横向蠕变方程时进行了简化处理，如式(3-46)所示，简单地将横向损伤视为轴向损伤的 L 倍，而在实际蠕变过程中，岩石材料泊松比的变化情况要复杂得多，若采用一次或更复杂一些的函数来代替蠕变方程中的常数 L，则拟合结果会更理想。

5 岩石单轴压缩蠕变扰动效应试验研究

迄今为止，人们对岩石在静载下的蠕变特征已经研究得比较深入，对岩石在动载如爆炸、冲击和周期荷载作用下的动态特性的研究也取得了一定进展。理论和试验都表明，岩石在承受静载与动载时，其力学特性和破坏规律有较大差异。工程实践中的岩石，如硐室的开挖，硐室围岩既要承受一定的地应力或静应力作用，也要承受动载作用。特别是深部矿井开采中，由于开挖，围岩所承受的静载已经相当大，在硐室附近的一定范围内岩石已经处于或接近极限破坏状态，此时，再叠加上外部的扰动荷载的作用，围岩的稳定性必然会受到较大的影响。

动载的来源一般为附近的开挖、爆破或者其他活动所引起的振动等，其作用的方式主要为短时的应力波。这种动荷载一般来说没有固定的特征，如强度、频率等，只是一类随机性的动荷载，所以可以将这类动荷载统称为扰动荷载。处于静载蠕变状态的岩石受到扰动荷载作用的问题称之为岩石蠕变扰动效应问题。目前，蠕变扰动效应研究没有引起人们的足够重视，尚未见到有关的研究报道。对于某一岩石单元而言，扰动荷载可能来自任意不同的方向，即使在室内试验中，也可以对试件施加不同方向、大小的扰动，如轴向扰动、围压扰动，作为该问题的初步研究，本章仅涉及与静载方向相同的扰动荷载。

5.1 岩石扰动蠕变效应工程实例

山东能源龙口矿业集团有限公司北皂煤矿海域软岩巷道是我国典型的软岩巷道工程，巷道围岩软弱、破碎、松散，岩体物理力学性能表现为低强度、易流变、易风化、高膨胀性，巷道压力显现强烈，围岩变形具有四周来压特征和显著的时间效应，初期来压快，变形量大，稳定后围岩仍以一定速度长时间持续大变形，围岩的稳定性难以控制。

5.1.1 北皂煤矿海域软岩巷道围岩地层结构及开采条件

北皂煤矿海域扩大区位于北皂煤矿陆地区域以北的渤海海域，其煤系与陆地的完全相似，由陆地向海域自然延伸，同属古近系，主要由泥岩、砂岩、黏土岩、炭质页岩、油页岩和煤组成。整个海域扩大区总体上呈一个宽缓的盆地状构造，地质构造较为复杂，主要为高角度正断层和褶曲构造。

2 煤是海域扩大区的主要可采煤层，顶板为含油泥岩，平均单轴抗压强度为 11.9 MPa，底板为黏土岩或砂质泥岩。2 煤距上覆 1 煤 16.86～24.67 m，平均 20.77 m。2 煤厚度为 3.96～4.94 m，平均为 4.44 m。2 煤顶底板柱状图如图 5-1所示(图中 3 油指第 3 层油页岩)。

柱状	岩层名称	层厚/m	岩性描述
	含油泥岩	6.57	灰色，具有水平层理，平坦状断口，上部含钙质，下部含油稍高
	1煤	1.21	褐黑色，以亮煤为主，镜煤、暗煤次之
	油页岩	3.48	褐灰色，上部含油较高，密度较小，下部质较差
	含油泥岩	15.87	褐黑色，具水平层理，贝壳状-平坦状断口
	2煤	4.35	褐黑色，以亮煤为主，次为暗煤、镜煤和丝炭
	泥岩	2.13	浅灰色，块状构造，自上向下砂质渐增
	泥质、砂岩	10.7	浅灰色，块状构造，参差状断口
	3煤、3油	0.78	灰黑色，以亮煤为主

图 5-1　2 煤顶底板柱状图

5.1.2　北皂煤矿海域软岩巷道支护方式

软岩具有的松、散、软、弱四种属性在北皂煤矿海域巷道中表现得极为突出，给巷道施工和维护带来了极大困难。为解决海域巷道变形大、支护困难的问题，在海域 2 煤层位中先后进行了料石砌碹、锚喷＋U25 型钢支架、U29 型钢支架壁后浇注混凝土、锚喷＋U36 型钢支架、U36 型钢支架壁后浇注混凝土等多种支护形式的试验。

(1) 砌碹支护

海域扩大区于 2003 年 10 月份在胶带暗斜井中段首先揭露 2 煤，巷道在施工过程中，采用锚索、锚杆联合支护作为临时支护，采用料石砌碹作为永久支护。砌碹 6 d 内，巷道顶板便连续依次压下，顶部料石受挤压破碎片落。2 个月后，不得不进行返碹处理。

(2) U25、U29 全封闭型钢支架支护

2004 年 2 月下旬，H2101 工作面运联巷采用 U25 型钢支架支护，支架间距 600 mm，施工了 29 m；采用 U25 型钢支架(间距 400 mm)及 U29 型钢支架(间距 600 mm)施工了 76 m。巷道开挖 50 d 内两帮移近量为 600 mm 以上，顶底板累计移近量为 2 800 mm 以上，顶板下沉量为 1 100 mm 以上。支架的变形破坏主要以支架可缩段收缩失效、顶梁弯曲变形及扭曲变形为主，U29 型钢支架顶梁最大弯曲下沉量为 1 000 mm 以上。巷道变形形态如图 5-2 所示，变形曲线如图 5-3 所示，2 个月后，巷道顶底板基本闭合。

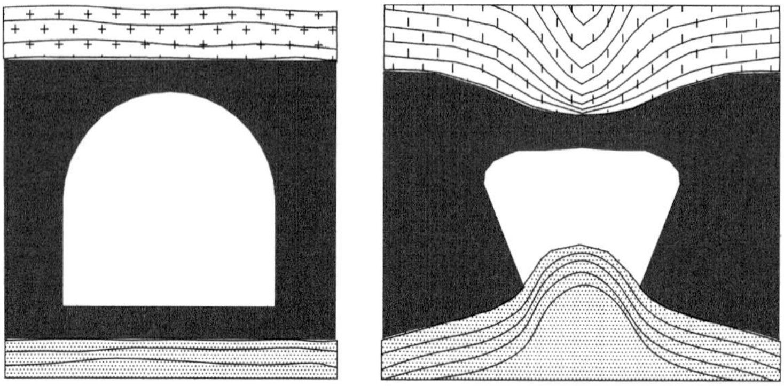

(a) 刚掘出时巷道断面形状　　(b) 掘出1个月后巷道断面形状

图 5-2　U 型钢支架支护运联巷变形状态

(3) U29 型钢支架壁后浇注混凝土支护

2004 年 4 月，在胶带联络巷下车场采用 U29 型钢支架壁后浇注混凝土支护施工了 30 m。巷道施工后 10 d 内两帮平均移近速率为 6.9 mm/d，顶底板平均移近速率为 32 mm/d；10 d 后两帮及顶底板平均移近速率分别降低为 1 mm/d 和6.5 mm/d。2 个月后对此段巷道底板进行了铺设料石混凝土双底拱补强支

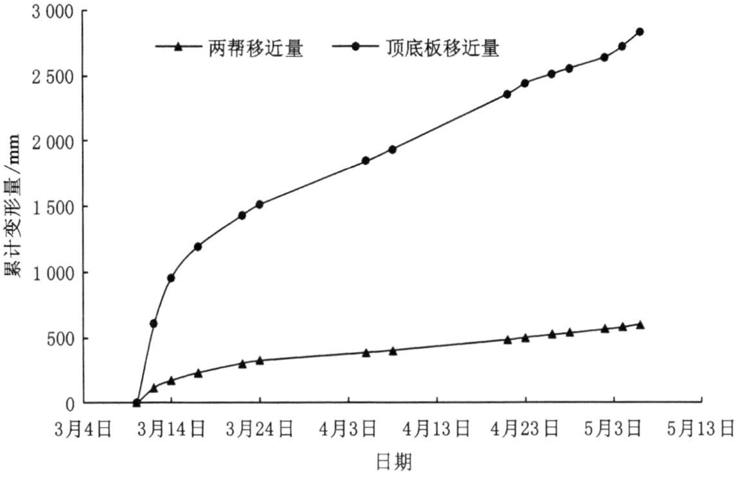

图 5-3 U 型钢支架支护运联巷变形观测曲线

护；1 a 后，由于巷道顶板下沉变形显著，原来的 U 型钢支架半圆形拱顶基本被压成平顶，又采用锚杆和喷浆进行补强支护。

(4) U36 型钢支架＋锚喷支护

为了降低 2 煤层巷道的支护成本，先后在 H2103 工作面材联巷、H2103 工作面运输巷、H2103 工作面材料巷和 H2106 工作面运输巷等巷道进行了 U36 型钢支架＋锚喷支护。从海域 U36 型钢支架＋锚喷支护的总体效果来看，U36 型钢支架＋锚喷支护效果虽然比 U25 和 U29 型钢支架支护有所提高，但仍然不能有效遏止静动压条件下巷道围岩的剧烈变形，巷道断面收缩严重，满足不了安全生产的需要。

(5) U36 型钢支架壁后浇注混凝土支护

首先采用锚杆挂网作为临时支护，锚杆采用 ϕ16×1 850 mm 的圆钢锚杆，间排距为 0.6 m×0.6 m，金属网采用 ϕ16 mm(主筋)与 ϕ12 mm(副筋)圆钢点焊成 800 mm×420 mm 钢筋网，网目为 10 mm×10 mm；U36 型钢支架壁后充填 300 mm 厚混凝土作为永久支护，即形成“先柔后刚”的支护形式。矿压观测表明，巷道在静压期间基本能趋于稳定，但在动压期间变形量大，图 5-4 为材料巷变形观测曲线。

通过对试验段巷道支护方式进行总结得出，目前，北皂煤矿海域常用的支护方式是：锚喷临时支护、U36 型钢支架支护、型钢支架壁后浇注混凝土支护。但是现有的支护方式成本较高，施工工程量大，顶板下沉依然难以控制。因此，寻找支护成本低、支护强度大的新型支护方式成为解决北皂煤矿海域巷道支护

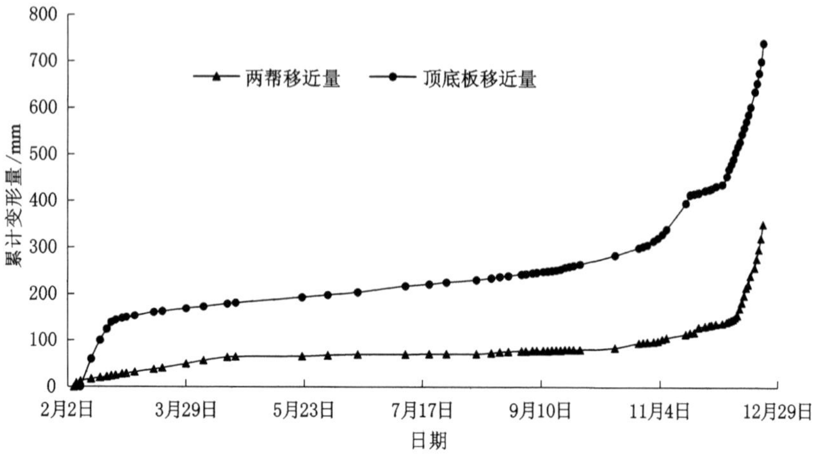

图 5-4 H2103 工作面材料巷变形观测曲线

问题的唯一方法。

5.1.3 北皂煤矿海域软岩巷道收敛变形特征分析

通过对海域 2 煤层不同层位、不同支护条件下的巷道进行矿压监测，分析得出海域巷道变形破坏特点是：巷道开掘后，初始位移速度剧烈，巷道全断面塑性挤入；巷道周边形成很大范围的松动破裂带；采动影响期间的围岩变形一般超过采动影响前的围岩变形。

(1) 初始变形速率大

海域地层巷道矿压显现的主要特征为，巷道开掘初始变形异常剧烈。在巷道开掘后，必须立即对暴露的顶、帮进行临时支护，否则便会出现漏顶、片帮等现象。在进行锚固临时支护后，设观测基点观测到，两帮最大移近速率为 99.6 mm/h，顶板最大下沉速率为 126 mm/h。

(2) 围岩变形持续时间长

巷道开挖引起的应力集中影响消除后，到巷道围岩变形达到稳定以前，围岩变形大且持续时间较长。海域软岩显著的流变性大致可分为剧烈变形、缓慢变形和稳定变形三个阶段。剧烈的初始变形后，要数月甚至更长的时间才能进入稳定变形阶段。如果不给予足够的支护阻力，则围岩变形即持续发展至巷道被压垮，流变产生的变形围岩压力一旦使支护失效，围岩将再次恶化并产生强烈变形。

(3) 围岩浅部破坏剧烈、深部松动破坏范围广

观测表明，巷道开掘后，浅部围岩在较短的时间内向巷内自由空间急剧位

移，并在深部围岩运动的作用下，形成一个剧烈破碎裂隙带或可能冒落带。根据2煤层巷道钻孔变形观测，剧烈破碎裂隙带的范围为1 m左右，其显现为煤壁片帮、漏顶。巷道支护后，此范围内的围岩在深部围岩和支护体的挤压作用下变薄，钻孔位移观测时，一般表现为不变或负值现象。

根据H2103工作面材料巷U型钢支架＋锚喷支护段巷道深部围岩位移观测，静压期间，巷道两帮5 m以内的围岩碎胀变形量占单侧帮（右帮）位移总量的39%～56%；5 m以外深部围岩碎胀变形量占单侧帮位移总量的44%～61%，10 m以外深部围岩仍存在位移。

(4) 围岩变形以垂直变形为主

2煤顶板含油泥岩单轴抗压强度为8.1～16.95 MPa，平均为11.9 MPa，仅为陆地同层位的25%～50%，没有足够的强度支撑上覆岩层的重力。因此，在2煤层巷道各向支护阻力均等的条件下，围岩以垂直变形为主，海域2煤层巷道破坏的基本形态为顶板显著下沉。

顶板变形量主要由四部分构成：① 顶板岩层的整体弯曲变形；② 顶板岩层的弹性恢复；③ 巷道两侧对应上方顶板挤压到巷道正上方的塑性流动变形；④ 岩石吸水膨胀变形。

(5) 巷道的稳定性与巷道断面尺寸有关

巷道断面尺寸增大，则围岩变形量明显增加，支护难度加大。从H2101工作面材料巷ϕ3.8 m U36型钢支架壁后浇注混凝土、H2101工作面运输巷ϕ4.5 m U36型钢支架壁后浇注混凝土、H2103工作面材料巷3.4 m宽直墙半圆拱U36型钢支架壁后浇注混凝土、H2101运输巷3.8 m宽直墙半圆拱U36型钢支架壁后浇注混凝土支护效果对比来看，巷道断面尺寸增大后，静动压期间的围岩变形量都呈倍量级增大。

(6) 对微弱的矿山压力变化反应极为敏感

软岩稳定性差，围岩变形具有很明显的流变特征，对微弱的矿山压力变化反应极为敏感。2煤层巷道围岩应力每发生微小的变化，都会造成支护体强烈的变形，即所谓的扰动蠕变效应。

根据北皂煤矿海域首采面、二采面支承压力显现情况，海域下采煤矿山压力显现的特点是采动影响范围广。首采面采动对H2101工作面周边巷道甚至海域井底车场都会造成一定的破坏，H2103工作面采动影响距离长达550 m以上，在支承压力渐增区，2煤层巷道当围岩应力增量为0.04～0.06 MPa时，两帮移近速率由采动影响前的0.2～0.8 mm/d升高到采动影响后的0.8～1.4 mm/d，顶底板移近速率由采动影响前的0.5～1 mm/d升高到采动影响后的2～4 mm/d。采动影响范围大、支承压力作用时间长，是影响海域2煤层巷道稳定性的主要因素。

5.2 岩石蠕变扰动效应机理

岩石蠕变扰动效应是指岩石在一定应力状态下,受到外部扰动荷载(如爆炸震动等)作用之后会产生相应的流变应变增量这一力学现象,它反映了处于蠕变状态的岩石在外部扰动荷载作用下的流变变形规律。之所以称之为岩石蠕变扰动效应,一是因为岩石的这种变形,不是由于外部静载的变化产生的,也不是随时间产生的流变,是原本处于静平衡状态下的岩石单纯由扰动引发的一种变形,扰动荷载一般是在岩体内传播的震动波;二是因为岩石的这种变形,不像弹塑性变形那样与外荷载基本上具有瞬时对应的关系,它是在扰动作用之后产生的一种不可恢复的永久变形。

岩石蠕变扰动效应产生的必要条件是:岩石的应力状态处于岩石强度极限邻域内。在岩石强度极限邻域之外,即处于线弹性状态的岩石一般不会因外部扰动作用而产生永久变形。

5.2.1 岩石强度极限邻域的概念

所谓岩石强度极限邻域,是对岩石应力状态而言的,在简单的压(拉、剪)应力状态下,岩石具有一个强度极限 σ_0,依据一定条件给定一个 $\Delta\sigma$,如果岩石的应力 σ 满足下式,则称岩石处于强度极限邻域内。

$$|\sigma_0-\sigma|\leqslant\Delta\sigma \tag{5-1}$$

式中,$\Delta\sigma$ 为应力强度极限邻域的宽度,简称为邻域宽度,它代表岩石强度极限邻域的范围。

如果岩石处于三向应力状态,则其强度极限邻域的范围——邻域宽度 $\Delta\sigma$ 可定义为:

$$(\Delta\sigma)^2=(\Delta\sigma_1)^2+(\Delta\sigma_2)^2+(\Delta\sigma_3)^2 \tag{5-2}$$

还应该进一步将岩石强度极限邻域区分为左邻域和右邻域。如果岩石应力尚未达到强度极限,则称之为处于强度极限的左邻域,左邻域宽度用 $\Delta\sigma_l$ 表示。如果岩石应力已经越过强度极限,则称之为处于强度极限的右邻域,右邻域宽度用 $\Delta\sigma_r$ 表示。区分岩石处于强度极限的左右邻域,是因为岩石在这两种应力状态下的扰动变形特性有所不同。

岩石强度极限邻域宽度 $\Delta\sigma_l$ 和 $\Delta\sigma_r$ 可以由试验确定,岩石强度极限邻域内和邻域外的区别是:处于强度极限邻域内的岩石,在受到外部扰动荷载作用之后会产生相应的蠕变变形;而处于强度极限邻域外的岩石,在受到外部扰动荷载作用之后不会产生相应的蠕变变形。单轴压缩时的岩石强度极限邻域如图 5-5所示。

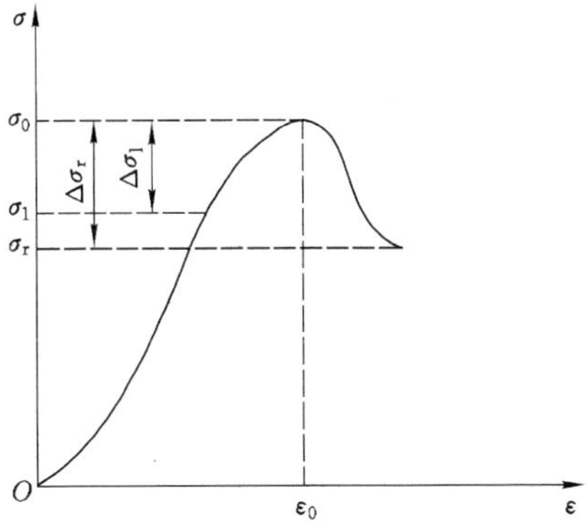

图 5-5　单轴压缩时的岩石强度极限邻域示意图

图 5-5 中，σ_0 为岩石单轴抗压强度；$\Delta\sigma_l$ 为左邻域宽度；$\Delta\sigma_r$ 为右邻域宽度。在单轴压缩应力状态下，岩石强度极限左邻域对应岩石破坏前的非线性变形区，右邻域对应岩石破坏后的应变软化区。在一般的三轴应力状态下，左邻域宽度 $\Delta\sigma_l$ 和右邻域宽度 $\Delta\sigma_r$ 的确定要复杂得多，应通过试验与理论分析确定。

岩石强度极限邻域，也可以用极限应变定义。试验表明，岩石流变扰动效应与岩石的应变状态密切相关。

5.2.2　岩石蠕变扰动效应机理

由上一节对动压巷道与静压巷道的变形规律对比分析可知，工作面回采对巷道的稳定性会产生较大的影响。特别是处于强度极限邻域内的围岩，微弱的矿山压力变化等扰动因素都会引起应力场的演变和围岩的变形。

在矿山岩体工程中，扰动荷载是在岩体内传播的震动波，主要震源有：① 掘进和开采时的爆破震动；② 采场覆岩断裂垮落时的冲击震动；③ 矿车运行时对巷道围岩产生的直接震动；④ 冲击地压等造成的震动。

巷道围岩应力场演变的物理力学本质是：围岩属非均质材料，如图 5-6 所示，可将其视为由小单元体组成的整体，各单元体及其接触面的力学参数一般成某种概率分布，当围岩的应力状态处于强度极限邻域内时，一旦存在外部扰动作用，在某些软弱单元和软弱接触面处就可能发生局部变形破坏，从而引发围岩内部应力场的演变，围岩整体上就表现为蠕变变形。

根据岩石强度极限邻域的概念，在矿山岩体巷道中不存在扰动荷载的情况

图 5-6　岩石非均质结构示意图

下，只要保证巷道围岩应力小于围岩第二阶段蠕变的应力阈值，即围岩的长期强度，就可使围岩不发生持续性的蠕变变形。即使围岩应力超过岩石蠕变应力阈值产生了蠕变变形，也只是发生第一阶段的蠕变变形，其应变速率是逐渐减小的，变形最后会趋于一个较小的稳定值，不会导致围岩的破坏。

在有扰动影响的矿山岩体巷道中，围岩保持长期稳定的条件是使围岩应力处于岩石的强度极限邻域范围之外，即 $|\sigma_0-\sigma|>\Delta\sigma$。若强度极限邻域的左边界应力为 σ_1，围岩应力 σ 未达到岩石的强度极限 σ_0，则其判别条件可变为 $\sigma<\sigma_1$。该应力状态下的岩石在外部扰动荷载作用下不会产生相应的不可逆蠕变变形，围岩能够保持稳定状态。相反，若 $\sigma>\sigma_1$，围岩应力进入岩石的强度极限邻域内，则扰动产生的蠕变变形与岩石的原有蠕变变形会发生叠加，从而加速蠕变的发展，使岩石产生破坏。

5.3　不同应力水平下岩石蠕变扰动效应试验与分析

5.3.1　岩石单轴压缩变形试验

试验所用试件岩性与前面试验中的试件相同，为采自山东省莱州市的红砂岩。但是，由于层位的不同，岩石表观会有所差异，因而其力学性质有可能不同。为此，先在一大岩块上密集钻取岩芯 20 个，再进一步加工成直径约50 mm、高度约 100 mm 的圆柱形标准试件。试件加工完成后，先剔除外观上有裂纹、层理等缺陷的试件，然后筛选出 12 个外表质地均匀的试件进行超声波检测，选取波速接近的 11 个试件用于单轴压缩变形试验和蠕变扰动效应试验。

若要通过试验测试出岩石在单轴压缩条件下的长期强度及强度极限邻域范围，则需要测试出岩石的单轴抗压强度，以便以岩石的单轴抗压强度作为极值对蠕变及扰动效应试验中施加的轴向荷载进行分级。在此选取 3 个声波速度接近的试件进行单轴压缩试验，试验在 MTS815 伺服控制刚性试验机上进行。试验结果如表 5-1 和图 5-7 所示。

表 5-1　岩石试件单轴压缩试验结果

试件编号	直径/mm	高度/mm	破坏荷载/kN	单轴抗压强度/MPa	极限应变/%
1#	50.41	99.02	101.52	50.87	0.681
2#	50.20	99.45	97.79	49.41	0.666
3#	49.96	100.27	94.53	48.22	0.702
平均值	—	—	97.95	49.50	0.683

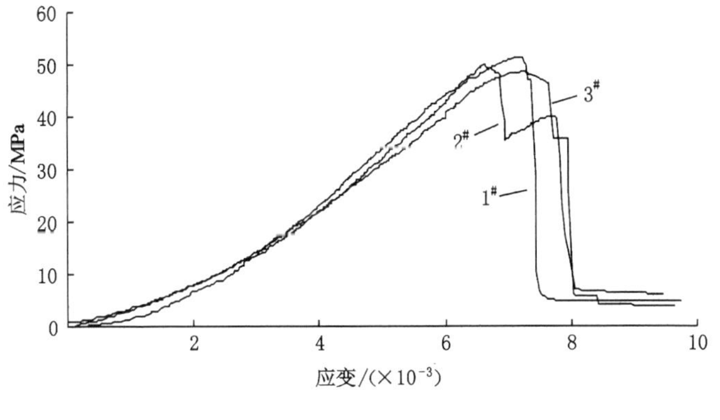

图 5-7　红砂岩试件全应力-应变曲线

从表 5-1 和图 5-7 可以看出，3 个红砂岩试件的单轴抗压强度及对应的极限应变比较接近，1# 试件的单轴抗压强度为 50.87 MPa，极限应变为 0.681%；2# 试件的单轴抗压强度为 49.41 MPa，极限应变为 0.666%；3# 试件的单轴抗压强度为 48.22 MPa，极限应变为 0.702%。3 个试件单轴抗压强度平均值为49.50 MPa，极限应变平均值为 0.683%。从试验测得数据来看，3 个试件的力学性质离散程度不大，强度极限值可作为蠕变扰动效应试验的分级加载依据。

5.3.2 岩石蠕变扰动效应试验

5.3.2.1 试验设备

岩石蠕变扰动效应试验的主要设备是 RRTS-Ⅱ型岩石蠕变扰动效应试验仪，该仪器可以进行单轴和假三轴条件下的静载蠕变试验和动力扰动蠕变试验。它由蠕变仪主机加载机构、三轴压力室、自动监测系统三部分组成。其中，蠕变仪主机加载机构主要包括主机框架、转盘-齿轮-齿条扩力机构、小油缸-大油缸扩力机构、液压泵及供油管路；三轴压力室主要包括箱体、扰动荷载施加腔及气囊；自动监测系统主要包括荷载、位移、应变与振动 4 种测试传感器和计算机，计算机安装了全自动数据采集系统。RRTS-Ⅱ型岩石蠕变扰动效应试验系统如图 5-8 所示。

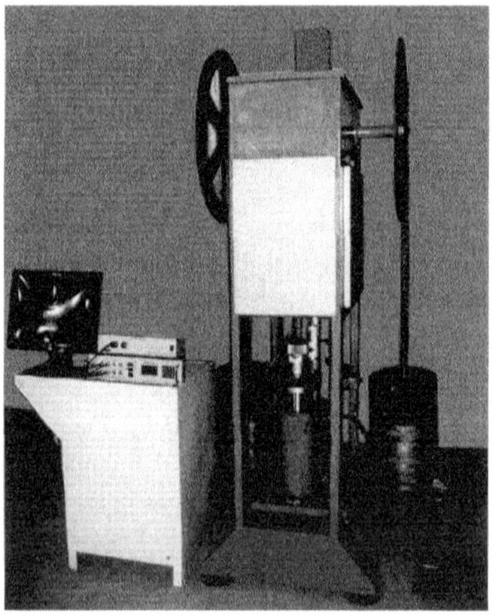

图 5-8　RRTS-Ⅱ型岩石蠕变扰动效应试验系统

5.3.2.2 扰动荷载加载方法

扰动荷载是以冲击砝码撞击试验设备上承压板的方式对试件施加的，具体方法为：在试验仪上承压板的连杆上套有砝码钢环，可以采用不同数量的砝码组合成质量不同的冲击质量块，对试件施加不同大小的扰动荷载。施加扰动荷载时，将砝码沿连杆提升至一定的高度释放，砝码做自由落体运动撞击上承压板，进而将扰动荷载通过上承压板传递到岩石试件上。扰动荷载施加方式示意图如图 5-9 所示。

每次冲击完成后读取试件上应变片的读数，将对试件一次或连续若干次的冲击称为一次扰动，这样读取的数据可以作为在某种强度的扰动下，一次冲击和一次扰动所引起的塑性变形或残余变形。事实上，若扰动以弹性波的形式发

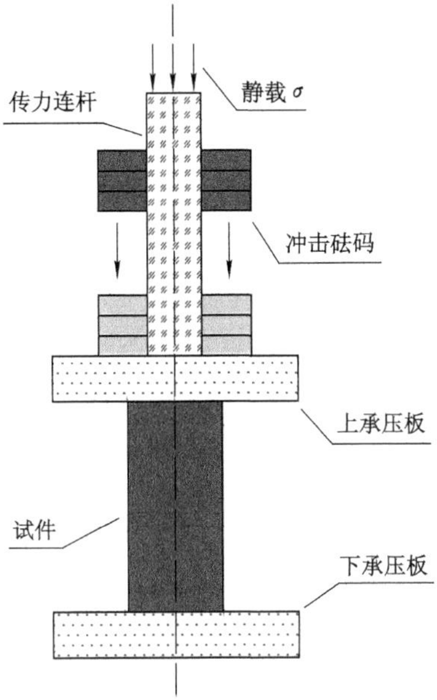

图 5-9　扰动荷载施加方式示意图

生振动耗散，将不会引起岩石的永久变形，也就是说不会引起试件裂纹的扩展，则这种扰动是无害的。只有当扰动荷载使试件产生永久变形，造成多次的塑性变形产生累加，才有可能加速或直接导致岩石试件的破坏，致使岩石结构失稳。

5.3.2.3　不同静载应力水平选择

为了较好地了解岩石在蠕变条件下对扰动荷载的响应，可以选择在不同静载应力水平下施加不同强度的扰动进行研究。

根据本节 1# 红砂岩试件的单轴压缩变形试验结果，该试件单轴抗压强度为 50.87 MPa。作为探索性试验，在 1# 红砂岩试件的全应力-应变曲线上选取 3 个点，作为施加扰动荷载时的静载应力水平，如图 5-10 所示。其中，点 A 对应的应力为 22.5 MPa，为单轴抗压强度的 44.2%，该点大致位于应力-应变曲线上直线段的中部位置。此时，在静载蠕变试验中，应力尚未达到长期强度，蠕变处于衰减蠕变阶段。点 B 对应的应力为 39.2 MPa，为单轴抗压强度的 77.1%，该点处应力-应变曲线已出现下弯。此时，在静载蠕变试验中，应力超过试件长期强度，蠕变已进入第二阶段。点 C 对应的应力为 42.5 MPa，为单轴抗压强度的 83.5%，该点位于全应力-应变曲线上部明显弯曲处。此时，在静载蠕变试验中，大部分试件在该应力水平下持续一段时间的蠕变后即发生破坏。

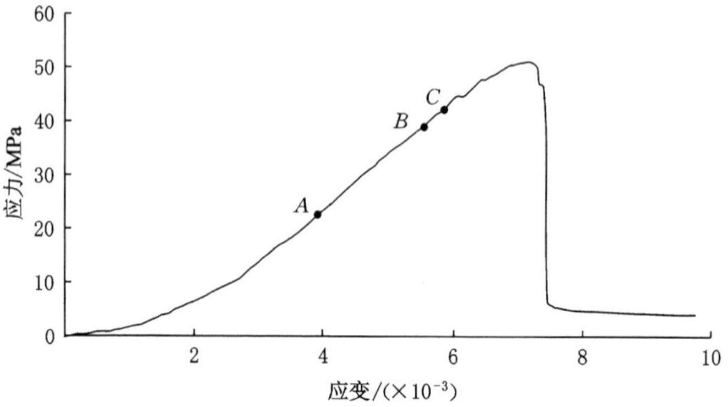

图 5-10 岩石蠕变扰动静载应力水平选择

5.3.2.4 *岩石蠕变扰动效应试验*

进行蠕变扰动效应试验选用通过声波检测筛选的圆柱体红砂岩试件，试件直径约 50 mm、高度约 100 mm。试验时，在每次冲击荷载完成后记录试件相应的应变值，将一次或连续若干次的冲击称为一次扰动，设计 3 级静载应力水平，在每级静载应力水平下均施加扰动，整个试验共进行 5 次扰动，每次冲击时扰动砝码的质量为 3 kg，冲击高度为 10 cm。

(1) 静载应力水平为 22.5 MPa 时扰动试验

采用分级加载的方式，经过 3 级加载使试件荷载达到点 A 所对应的应力，待蠕变稳定后施加扰动荷载。当荷载加载至 22.5 MPa，蠕变持续 3 d 时间后，试件蠕变变形已基本稳定，产生的轴向应变为 3.849×10^{-3}，横向应变为 1.195×10^{-3}，然后进行第 1 次蠕变冲击试验。通过试验得到冲击次数 N 与试件轴向和横向累积残余变形 ε_a 的关系曲线，如图 5-11 所示。

由图 5-11 可见，在第 1 次扰动荷载作用下，试件的轴向和横向变形规律不尽相同。轴向的残余变形在前 3 次冲击时增长较快，之后增长速率则逐渐衰减而趋于零，即后几次冲击已逐渐不再引起轴向变形量的增加，变形曲线最后呈直线状态发展。这说明试件在承载应力水平较低或变形处于弹性阶段时，对扰动影响不敏感，在连续的冲击荷载作用下，前 3 次的冲击残余变形会对后续的冲击造成影响，使后续冲击的残余变形减小，岩石发生了冲击硬化现象，与前述的蠕变硬化相似。试件横向变形随着冲击次数的增加则呈线性发展，各次冲击引起的变形增长速率基本相等，产生的残余变形基本相同，相邻冲击间几乎没有相互影响或影响很小。在前 5 次冲击时，横向累积残余变形小于轴向累积残余变形，随着冲击次数的增加，横向累积残余变形逐渐增大而超过轴向累积残余

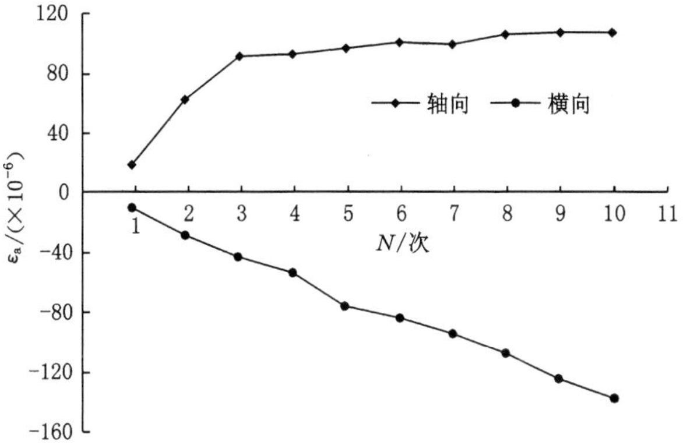

图 5-11 第 1 次扰动冲击次数 N 与累积残余变形 ε_a 之间的关系曲线

变形。连续冲击 10 次后，试件的轴向变形已基本趋于稳定，因此停止施加扰动荷载。

第 1 次扰动结束后，先使试件持续蠕变 1 d，然后进行相同静载应力水平下的第 2 次扰动，扰动荷载与第 1 次扰动相同。通过试验得到第 2 次扰动时冲击次数 N 与试件轴向和横向累积残余变形 ε_a 的关系曲线，如图 5-12 所示。

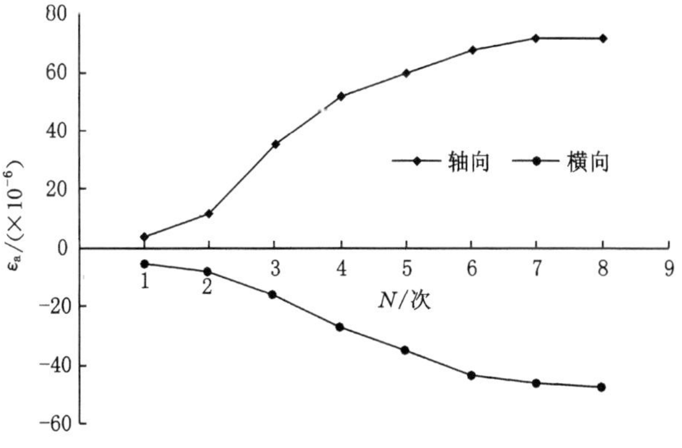

图 5-12 第 2 次扰动冲击次数 N 与累积残余变形 ε_a 之间的关系曲线

从图 5-12 可以看出，第 2 次扰动试件产生的残余变形明显小于第 1 次的，并且随着冲击次数增加，不仅试件的轴向变形速率逐渐趋于稳定，而且其横向变形速率也出现明显的衰减而逐渐趋于稳定。这说明经过一定的变形后，岩石对冲击的反应呈现为弹性响应，在静载应力水平较低或岩石处于弹性阶段时，扰动对岩石变形的影响不敏感。另外也反映出，即使岩石处于弹性阶段，在静载和扰动荷载的共同作用下仍然会产生塑性残余变形，红砂岩试件经过 2 次扰动荷载作用后轴向累积残余变形为 1.77×10^{-4}，横向累积残余变形为1.84×10^{-4}。

（2）静载应力水平为 39.2 MPa 时扰动试验

待第 2 次扰动蠕变变形达到稳定状态后，继续给红砂岩试件增加静载，经过 4 级荷载加载到点 B 所对应的应力 39.2 MPa，每级荷载的持续蠕变时间约为 2 d。当加载至第 3 级荷载 35.7 MPa 时，试件已经出现第二阶段的蠕变特征，在 2 d 的蠕变时间内变形持续发展，但应变率较小，进一步加载至 39.2 MPa，蠕变已进入第二阶段。经过 2 d 的蠕变后，试件变形已趋于稳定，轴向总应变为 5.967×10^{-3}，横向总应变为 1.940×10^{-3}，然后进行第 3 次蠕变冲击试验。通过试验得到冲击次数 N 与试件轴向和横向累积残余变形 ε_a 的关系曲线，如图 5-13 所示。

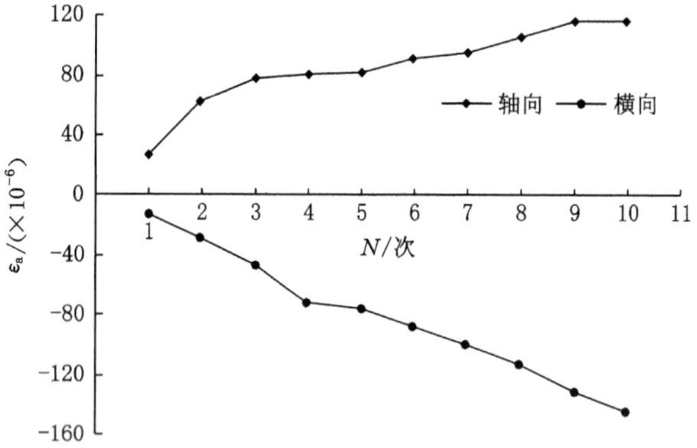

图 5-13　第 3 次扰动冲击次数 N 与累积残余变形 ε_a之间的关系曲线

从图 5-13 可以看出，该次蠕变扰动变形规律与第 1 次扰动基本相同，轴向的残余变形在前 3 次冲击时增长较快，之后增长速率逐渐衰减而趋于零，后续冲击对轴向变形的影响微弱，变形曲线最后呈直线状态发展。这说明在弹性阶段，试件的蠕变变形对扰动冲击影响不敏感。试件横向变形随着冲击次数的增加则呈线性发展，各次冲击引起的变形增长速率基本相等，相邻冲击间几乎没有相互影响或影响很小。

与前 2 次扰动对比，经过第 3 次扰动后试件产生的残余变形量增大。本次扰动结束后 1 d 的时间内，试件蠕变变形几乎停止，之后又逐渐恢复，至第 3 天时才基本恢复到与扰动前相同的蠕变速率。

待第 3 次扰动蠕变变形达到稳定状态后，进行第 4 次蠕变冲击试验。通过

试验得到冲击次数 N 与试件轴向和横向累积残余变形 ε_a 的关系曲线，如图 5-14所示。

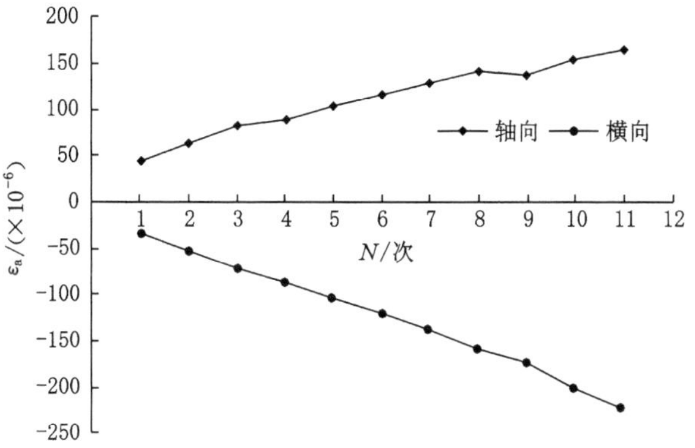

图 5-14　第 4 次扰动冲击次数 N 与累积残余变形 ε_a之间的关系曲线

根据图 5-14 得到，试件的轴向和横向累积残余变形量均随冲击次数的增加而增大，变形速率基本相同。与第 3 次扰动对比，由于两次扰动间隔时间较长，第 3 次扰动已经不会对第 4 次扰动的残余变形量产生影响。两次扰动的静载应力水平和冲击荷载虽然没有变化，但第 4 次扰动后产生的残余变形量明显增大，而且无明显衰减迹象。根据后续试验的破坏应变可知，该应力水平下第 1 次冲击开始时的轴向总应变为破坏应变的 85%，第 2 次冲击开始时的轴向总应变为破坏应变的 88%，这说明在蠕变条件下，衡量岩石对扰动的敏感程度以变形量作为参数较为适宜。对所施加的扰动荷载而言，当应变达到破坏应变的 90%左右时，扰动残余变形不再明显衰减，因此，可以将此应变点作为扰动敏感区与非敏感区的分界点。

(3) 静载应力水平为 42.5 MPa 时扰动试验

第 4 次扰动结束后，试件在静载作用下的蠕变仍有将近 3 h 的停滞，停滞时间远小于第 3 次扰动时的。之后对试件继续加载，使加载应力达到点 C 所对应的应力 42.5 MPa。在该静载应力水平下试件持续蠕变 1 d 后，轴向总应变达到 6.225×10^{-3}，为破坏应变的 96%；然后进行第 5 次蠕变冲击试验。冲击至第 8 次时试件破坏，此时试件轴向的破坏极限应变为 6.484×10^{-3}。通过试验得到冲击次数 N 与试件轴向和横向累积残余变形 ε_a 的关系曲线，如图 5-15 所示。

从图 5-15 可以看出，受冲击次数的限制，试件在临近破坏时轴向和横向扰动残余变形量有随冲击次数增加而加速发展的趋势，这与前述的衰减情形不同。

根据上述对岩石蠕变扰动效应的试验研究发现，在静载蠕变条件下，岩石在

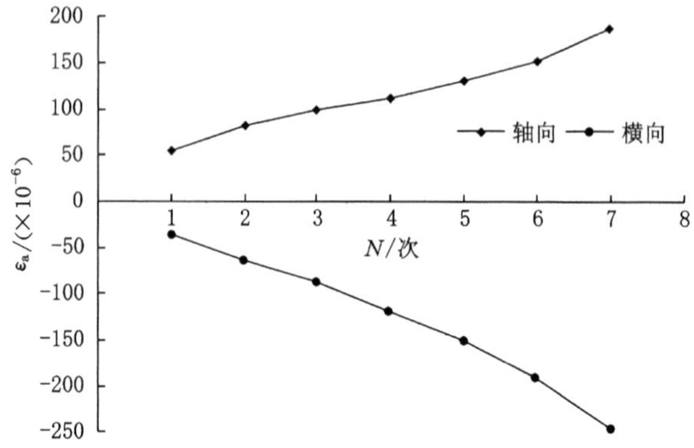

图 5-15　第 5 次扰动冲击次数 N 与累积残余变形 ε_a 之间的关系曲线

一定强度的冲击荷载扰动作用下，存在一个应变阈值。当应变小于该阈值时，岩石变形受冲击扰动影响较小，在连续冲击扰动下引起的累积扰动变形会有明显的衰减；若应变大于该阈值，则累积扰动变形会持续增长，直至试件破坏。由此，可以将岩石的蠕变扰动破坏分为扰动敏感区和扰动非敏感区两个区域。由于扰动敏感区与岩石破坏极限应变比较接近，因此可以将扰动敏感区称为应变极限邻域。本次试验得到的红砂岩试件的应变阈值为极限应变的 90%。同时，根据试验得到，在岩石处于第一蠕变阶段时，其变形量一般达不到其应变阈值，因此，在此阶段内岩石受扰动荷载影响较小；而只有在承受的荷载达到其长期强度，岩石蠕变进入稳定蠕变阶段后，其蠕变变形量才持续增加至应变阈值，岩石受到扰动冲击的影响开始逐渐增大，并且其蠕变变形量越大，扰动对岩石的变形破坏影响作用越大。

5.4　不同冲击强度下岩石蠕变扰动效应试验与分析

上一节对静载蠕变条件下岩石蠕变扰动响应规律进行了研究，应变极限邻域的大小与岩石的力学性质和冲击扰动强度有关。为确定应变极限邻域与冲击强度的关系，本节进行了冲击质量分别为 3 kg、6 kg 和 9 kg，冲击高度同为 10 cm 的岩石蠕变扰动效应试验，得到了岩石在不同冲击强度下的扰动蠕变规律，并对应变极限邻域的确定进行了初步探讨。

5.4.1　冲击质量为 3 kg、冲击高度为 10 cm 时岩石蠕变扰动效应试验

试件 C-D-1 采用红砂岩加工而成，试件直径约 50 mm、高度约 100 mm，试验采

用的主要设备是 RRTS-Ⅱ 型岩石蠕变扰动效应试验仪。试验采用一次连续加载方式加载，当试件的瞬时变形达到破坏极限应变的 80%左右时停止加载，然后试件经过一段时间的蠕变，待确认蠕变状态稳定后即可施加扰动荷载。扰动荷载以冲击砝码撞击试验设备上承压板的方式对试件施加，冲击砝码质量为 3 kg，将砝码沿连杆提升至 10 cm 高度处释放，砝码做自由落体运动撞击上承压板，进而将扰动荷载通过上承压板传递到岩石试件上。

对于试件 C-D-1，当施加应力为 35.7 MPa 时，试件应变为 5.136×10^{-3}，经过 2 d 的蠕变发展后，应变达到 5.463×10^{-3}，可确认岩石蠕变已经进入第二阶段，此时施加扰动荷载，冲击质量为 3 kg，冲击高度为 10 cm。通过砝码的多次冲击，得到了冲击次数 N 与每次冲击所引起的增量残余变形 ε_r 和 N 与累积残余变形 ε_a 之间的关系曲线，如图 5-16 和图 5-17 所示。

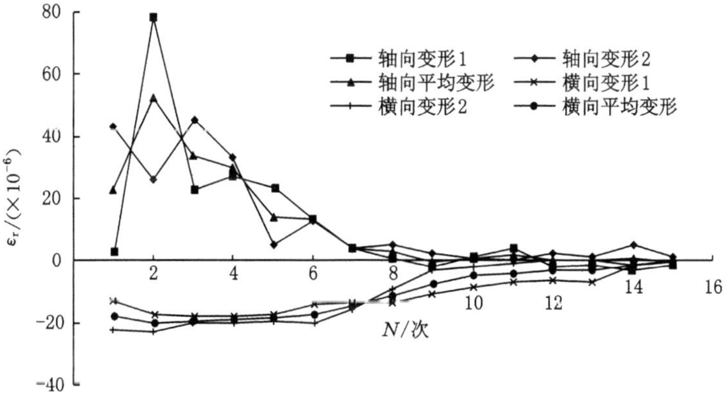

图 5-16　第 1 次扰动试件 C-D-1 冲击次数 N 与增量残余变形 ε_r 之间的关系曲线

由图 5-16 和图 5-17 可以看出，增量残余变形曲线比累积残余变形曲线能更清楚地反映出岩石试件对扰动冲击的响应。在第一次扰动的连续多次冲击中，单次冲击所引起的轴向增量残余变形除第一次冲击外，其余各次基本上呈一致衰减的规律变化，并且轴向增量残余变形比横向更快趋于稳定。试件累积残余变形曲线与上一节探索性试验的结果大致相似，但是本次扰动冲击次数较多，横向变形表现出逐渐趋于稳定的趋势。

在第一次扰动完成 1 d 后对试件施加第二次扰动，以后每次扰动的间隔时间均为 1 d，共进行了 5 次扰动，每次扰动冲击砝码质量为 3 kg，冲击高度为 10 cm，在施加第 5 次扰动过程中试件发生破坏。第 2 次至第 5 次扰动的冲击次数 N 与每次冲击所引起的增量残余变形 ε_r 和 N 与累积残余变形 ε_a 之间的关系曲线如图 5-18至 5-25 所示。

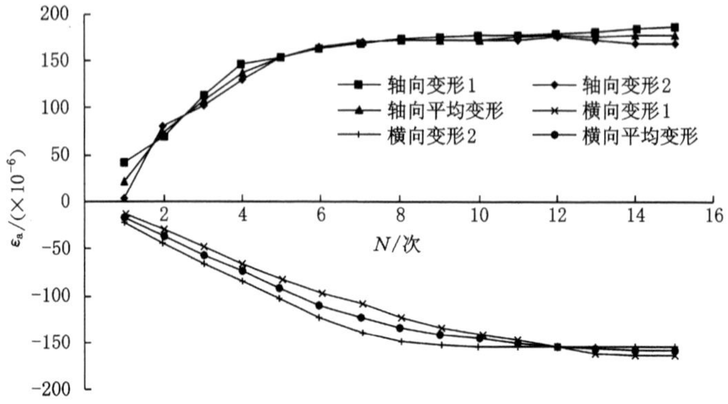

图 5-17　第 1 次扰动试件 C-D-1 冲击次数 N 与累积残余变形 ε_a之间的关系曲线

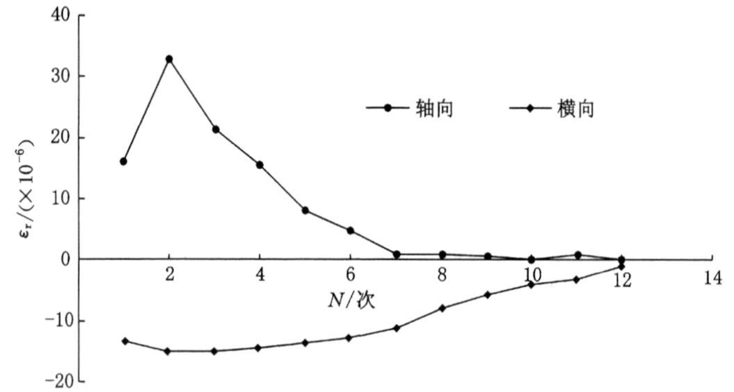

图 5-18　第 2 次扰动试件 C-D-1 冲击次数 N 与增量残余变形 ε_r之间的关系曲线

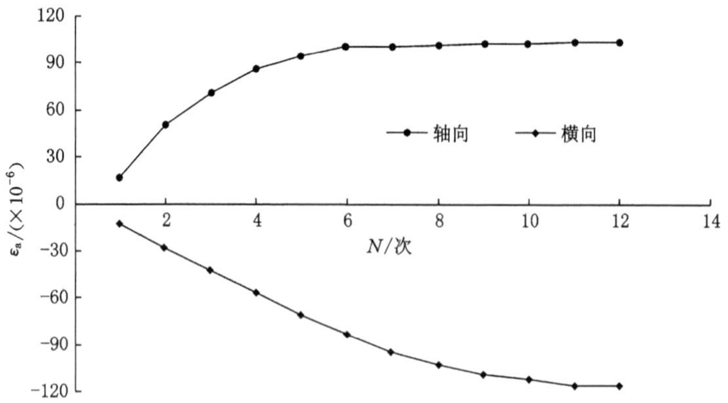

图 5-19　第 2 次扰动试件 C-D-1 冲击次数 N 与累积残余变形 ε_a之间的关系曲线

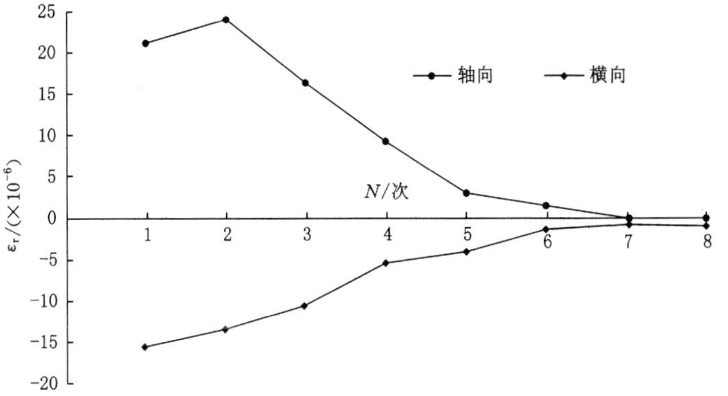

图 5-20　第 3 次扰动试件 C-D-1 冲击次数 N 与增量残余变形 ε_r 之间的关系曲线

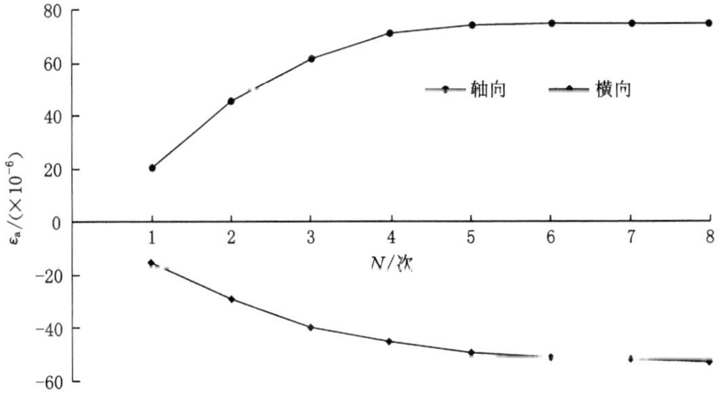

图 5-21　第 3 次扰动试件 C-D-1 冲击次数 N 与累积残余变形 ε_a 之间的关系曲线

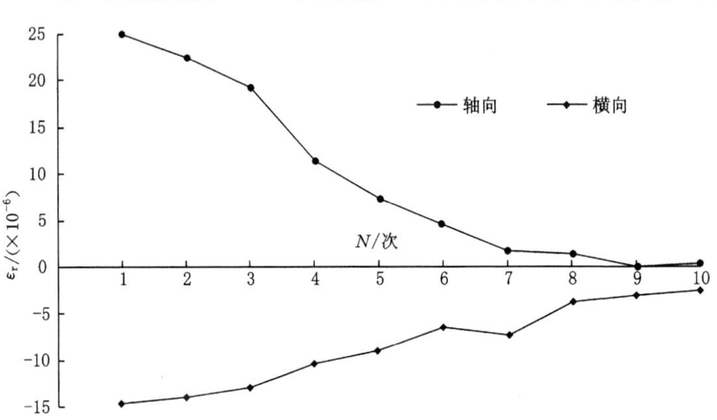

图 5-22　第 4 次扰动试件 C-D-1 冲击次数 N 与增量残余变形 ε_r 之间的关系曲线

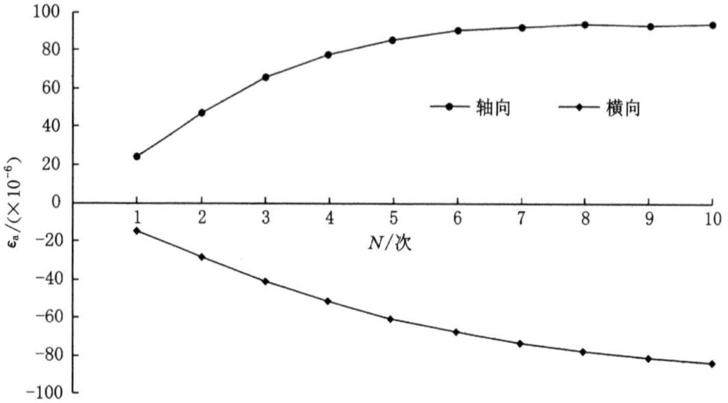

图 5-23　第 4 次扰动试件 C-D-1 冲击次数 N 与累积残余变形 ε_a 之间的关系曲线

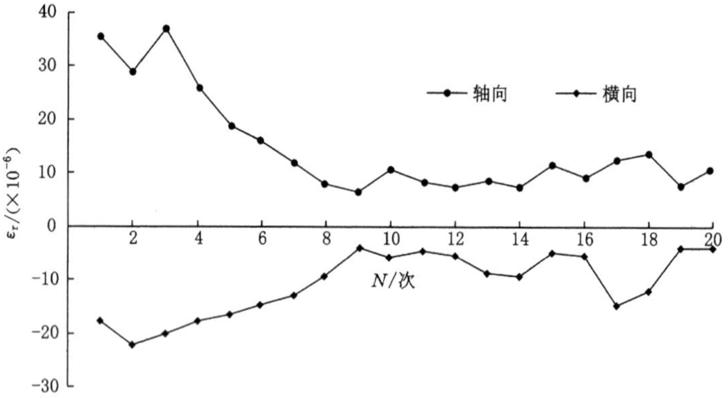

图 5-24　第 5 次扰动试件 C-D-1 冲击次数 N 与增量残余变形 ε_r 之间的关系曲线

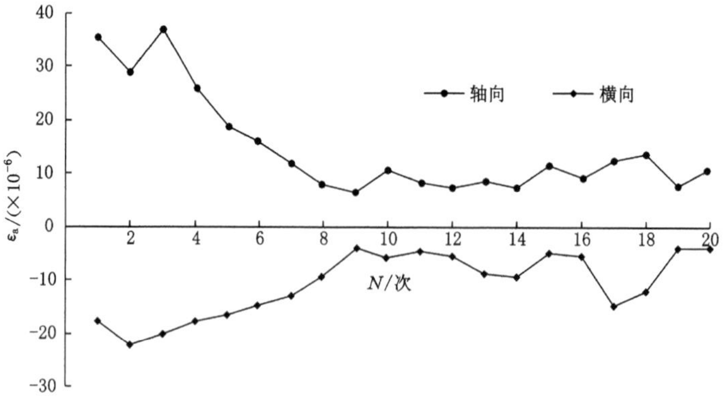

图 5-25　第 5 次扰动试件 C-D-1 冲击次数 N 与累积残余变形 ε_a 之间的关系曲线

根据冲击次数与变形关系试验曲线可看出，第 2 次和第 3 次扰动时试件的变形规律与第 1 次扰动时的基本一致，轴向变形都在 6～7 次冲击后基本趋于稳定，横向变形稳定时的冲击次数稍有差异，第 1 次扰动时在 15 次冲击后横向变形基本稳定，而第 2 次与第 3 次扰动时横向变形稳定的冲击次数分别为 12 次与 7 次，横向变形稳定时所需要的冲击次数随扰动次数增加呈逐渐减小的规律。前 3 次扰动的累积残余变形也随扰动次数增加而逐渐衰减。这说明由于相邻两次扰动的间隔时间较短，后一次扰动会受到前一次扰动的硬化影响，同时对于给定的冲击强度，该应变阶段还并未进入扰动敏感期。

经过前 3 次扰动以及 3 d 的静载蠕变后，试件的轴向总应变达到 5.94×10^{-3}，此时施加第 4 次扰动，扰动后引起的累积残余变形比前 3 次的有所增加，变形稳定时所需要的冲击次数也略有增大，并且在轴向变形稳定后横向变形仍有增大的趋势。由于试件总的变形规律与前 3 次扰动基本相似，为便于比较，在轴向变形稳定后未再增加冲击次数，累积变形的增大，说明此时应变已进入扰动敏感区域。

进一步施加第 5 次扰动，前 9 冲击后试件的增量残余变形变化规律基本不变，即单次冲击引起的增量残余变形呈衰减趋势，之后每次冲击引起的增量残余变形呈波动式发展。试件的累积残余变形曲线与前 4 次扰动相似，但每次冲击引起的变形量增幅较大。冲击过程中试件变形一直未能达到稳定，冲击持续进行至第 21 次时试件发生破坏，未能捕捉到该次冲击后的应变，第 20 次冲击完成后试件的轴向总应变为 6.407×10^{-3}。由于测试方法的限制，只能记录每次冲击后的静态残余变形量，而不能得到冲击所引起的动态应变峰值，该峰值可能远大于所记录的静态残余变形量，因此，试件的破坏极限应变应该大于 6.407×10^{-3}。以此应变作为岩石的破坏极限应变是偏于保守的。

每次扰动冲击后的试验结果如表 5-2 所示，其中，取试件的破坏极限应变 $\varepsilon_s=6.407\times10^{-3}$。

表 5-2　试件 C-D-1 扰动蠕变试验结果

扰动次序	冲击次数	初始轴向应变 $\varepsilon_b/(\times10^{-6})$	$(\varepsilon_b/\varepsilon_s)$ /%	轴向累积残余变形 $\varepsilon_{aa}/(\times10^{-6})$	横向累积残余变形 $\varepsilon_{al}/(\times10^{-6})$
1	15	5 463	85.27	177	−158
2	12	5 681	88.67	102	−116
3	8	5 827	90.95	75	−52
4	10	5 940	92.71	94	−82
5	20	6 111	95.38	295	−216

5.4.2 冲击质量分别为 6 kg 与 9 kg、冲击高度为 10 cm 时岩石蠕变扰动效应试验

改变冲击强度，做进一步的蠕变扰动试验，试验采用红砂岩试件，试件直径约 50 mm、高度约 100 mm，试验采用的设备是 RRTS-Ⅱ型岩石蠕变扰动效应试验仪。对试件 C-D-2 施加扰动的冲击质量为 6 kg，冲击高度为 10 cm；对试件 C-D-3施加扰动的冲击质量为 9 kg，冲击高度同为 10 cm。将施加扰动时的初始应变控制为破坏极限应变 6.83×10^{-3} 的 80%左右，相邻两次扰动的间隔时间为 1 d。每次扰动时对试件施加连续冲击，至试件的轴向变形稳定时停止，完成一次扰动。按照与上述试验相同的分析方法，可以得到冲击次数与增量残余变形以及累积残余变形之间的变化关系曲线。试验结果表明，改变冲击强度后，试件的扰动蠕变变形规律与冲击质量为 3 kg、冲击高度为 10 cm 时的试验结果基本相同。试件 C-D-2 与 C-D-3 的试验结果如表 5-3 和表 5-4 所示。

表 5-3 试件 C-D-2 扰动蠕变试验结果

扰动次序	冲击次数	初始轴向应变 $\varepsilon_b/(\times10^{-6})$	$(\varepsilon_b/\varepsilon_s)$ /%	轴向累积残余变形 $\varepsilon_{aa}/(\times10^{-6})$	横向累积残余变形 $\varepsilon_{al}/(\times10^{-6})$
1	15	5 345	85.27	231	−188
2	12	5 617	89.61	134	−139
3	10	5 796	92.47	123	−98
4	14	5 966	95.18	302	−204

表 5-4 试件 C-D-3 扰动蠕变试验结果

扰动次序	冲击次数	初始轴向应变 $\varepsilon_b/(\times10^{-6})$	$(\varepsilon_b/\varepsilon_s)$ /%	轴向累积残余变形 $\varepsilon_{aa}/(\times10^{-6})$	横向累积残余变形 $\varepsilon_{al}/(\times10^{-6})$
1	15	5 377	86.75	277	−230
2	12	5 701	91.98	161	−169
3	10	5 908	95.32	148	−119
4	7	6 103	98.47	95	−58

通过改变冲击强度的蠕变试验得到，试件 C-D-2 在第 4 次扰动第 15 次冲击时破坏，测得第 14 次冲击试件稳定后的最大应变为 6.268×10^{-3}，可以将该值作为该试件的破坏极限应变。而试件 C-D-3 在第 4 次扰动第 8 次冲击时破坏，测得第 7 次冲击试件稳定后的最大应变为 6.198×10^{-3}，可以将该值作为该试件的破坏极限应变。

5.4.3 不同冲击强度下岩石蠕变扰动试验结果比较

将 3 个红砂岩试件在不同冲击强度下的试验结果进行综合比较，可以更清楚地看出岩石试件对不同扰动的响应规律，如图 5-26 所示。图中，横坐标为扰动次序 N_r，纵坐标为不同冲击强度条件下试件在每次扰动后产生的轴向累积残余变形 ε_{aa} 和横向累积残余变形 ε_{al}。

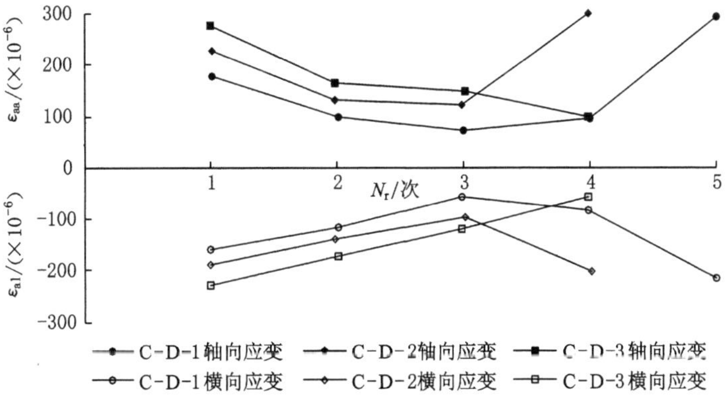

图 5-26 不同冲击强度下蠕变扰动试验结果比较

由于每个试件所采用的破坏极限应变是试验中所能记录的最大应变，因而，敏感区域与非敏感区域分界点的应变百分比很接近。比较三个试件进入敏感区域时的绝对总应变以及试件破坏极限应变可以看出，随着冲击荷载强度的提高，分界点应变及破坏极限应变有所减小，但差别不明显。分析其原因有两个方面：一是岩石本身的力学性质存在离散性，即使在静载作用下其离散性一般也较明显，在动态冲击下必然也会产生一定的离散性；二是施加的冲击强度的差异性较小，虽然冲击强度相对差值较大，但绝对值范围较小，尚不能较清楚地分辨出岩石对不同扰动强度的响应差别。因此，上述试验对定性地了解岩石的扰动响应是可以满足要求的，而要进行定量描述则需要进一步做大量的试验，以便能从统计的角度分析它们之间较为精确的关系。

在不同强度的扰动荷载作用下，岩石的瞬时弹性变形会恢复，而不可逆变形会残留下来，残余变形的大小、增长趋势及累积变形总量是岩石在扰动荷载作用下的本质反映，它存在损伤与硬化两种机制。从试验结果可以看出，在扰动荷载作用下残余变形与蠕变变形规律相似，当扰动荷载较小时，前数次冲击扰动的残余变形发展速率较快，之后逐渐趋于稳定；而当扰动荷载较大时，随冲击扰动次数增加，残余变形会持续增长，与等速蠕变变形比较接近；而在应变极限邻域内进行冲击扰动时，累积残余变形曲线可分为衰减阶段、近似等速阶段和加速阶段三部分。

根据扰动蠕变试验结果，扰动荷载强度对残余变形的发展过程有较大影响。在同等应变水平下，提高扰动荷载强度，则初始阶段的残余变形和达到稳定状态时的累积变形增大，同时，残余变形的发展速率也会提高。而应变水平对残余变形的发展起控制作用，当应变水平较低且扰动荷载较小时，扰动累积残余变形由于变形的硬化效应会趋于稳定，从而使静态蠕变发展出现短时休眠，因而岩石可能不产生扰动破坏。而如果应变水平较高，尤其是进入岩石应变极限邻域内时，试件的残余变形会持续增长并进入加速蠕变阶段，试件极易由于扰动而迅速破坏。

6 岩梁弯曲蠕变及其扰动效应试验研究

对于岩石材料，直接进行拉伸破坏试验的较少，这主要是由岩石本身的力学性质决定的，众所周知，岩石的抗压能力强而抗拉能力弱，它主要用来承受压缩荷载，所以有关岩石拉伸问题的研究远比压缩问题的研究少。然而在地下工程中，岩层弯曲变形是一种重要的变形模式，这时拉应力将起着支配作用。另外，岩石在单轴压缩及低围压下的三轴压缩破坏均为张性劈裂，其机理为岩石的不均匀性所导致的横向张应力而引起的岩石破坏。因此，研究在张应力作用条件下岩石的力学性质是非常必要的，并且拉伸问题的研究与压缩问题的研究是密切相关的，随着两者研究的进展，可以更深入地探讨岩石的破坏过程和破坏机理。然而，由于岩石材料的特性，直接或者间接进行拉伸流变试验比较困难，而且直接或间接拉伸反映的是岩石材料的性质，而弯曲变形则反映的是其结构特性。对岩梁的弯曲破坏试验通常是通过对梁施加三点或四点弯曲荷载来实现的。张晓春[117]采用伯格斯模型对中厚软岩板静载弯曲时中性面特性的时间相关性进行了理论分析；巫德斌等[118]对泥板岩简支梁进行了弯曲流变试验研究，并且对试验结果进行了黏弹性辨识。本书以红砂岩岩梁为例，通过试验研究岩梁的弯曲蠕变及其扰动效应问题，进行岩梁的弯曲试验简单易行，可以很方便地施加扰动荷载，从而为研究岩梁的扰动蠕变问题奠定理论基础。

6.1 一次加载静载岩梁弯曲蠕变试验

本节以红砂岩岩梁为例，通过对岩梁施加四点弯曲荷载，对岩梁的一次加载弯曲蠕变破坏进行了试验研究，并分析了蠕变条件下岩梁弯曲中性面位置与弯曲应力的变化规律。

6.1.1 试验设计

试验所用试件材料为红砂岩，采自山东省莱州市。为了控制试件力学性质的离散性，保证试验结果的可比性，先将岩块加工成岩板，然后依设计将岩板切割为长方体标准岩梁试件，试验所用岩梁均由同一岩板切割而成。试验在自制的岩梁弯曲蠕变仪上进行，试验时，首先调整好仪器的水平度及跨度，然后将岩梁放置其上，一端为固定圆柱支撑，另一端为滚动圆柱支撑，这样岩梁的约束可视为典型的简支梁结构，如图 6-1 所示。施加荷载形式为四点弯曲，即纯弯曲形式，纯弯曲段的长度为 10 cm。

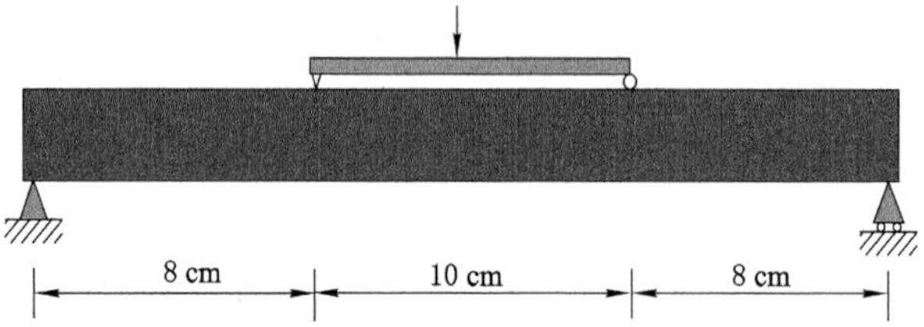

图 6-1　岩梁弯曲试验结构示意图

岩梁应变采用电阻应变片法测量，试验数据采集采用秦皇岛爱伏特电子科技有限公司生产的 AFT-CM-10 型静态电阻应变仪，电阻应变片型号为 BSQ120-20AA，规格参数如表 6-1 所示。

表 6-1　电阻应变片规格

型号	电阻/Ω	灵敏系数/%	栅尺寸（长×宽）/mm	基底尺寸（长×宽）/mm	精度等级
BSQ120-20AA	120±0.1	2.08±1	20.1×2.9	28.0×7.3	A

由于蠕变试验周期较长，试验温度和湿度的影响不容忽视，为此，在实验室中配有空调机和加湿器，将温度控制在 22～25 ℃，相对湿度控制在 65%～75%。同时，应对试件进行密封处理，在试件加工完成后于其表面包裹一层塑料薄膜，并用电吹风烘烤，使薄膜密贴在试件的表面，以保证试件的原始含水率基本不变。

6.1.2　岩梁瞬时加载弯曲试验

进行岩梁瞬时弯曲试验，即对岩梁连续加载至其断裂，以测得岩梁的破坏荷载及破坏极限应变，为后续岩梁蠕变试验加载提供参考。该组试验共取 3 个试件，试件形状为长方体，尺寸（长×高×宽）为 30 cm×3 cm×1.5 cm。

由于岩梁的高跨比很小(3/26)，满足细长梁的条件，因此可以认为平面假设成立，只需要将电阻应变片对称粘贴在纯弯段的上下两侧面即可，上下各粘贴 3 片，每个试件共粘贴 6 片应变片，如图 6-2 所示。3 个试件的试验结果如表 6-2所示，表中的 M/W_z 为弯曲应力，其中，M 为弯矩，W_z 为梁的抗弯截面模量。

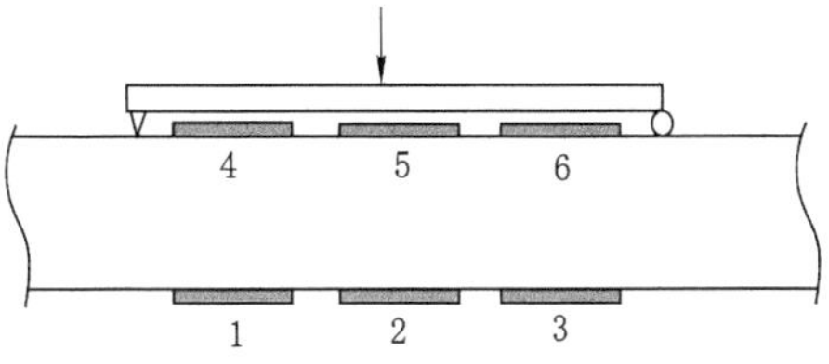

图 6-2　应变片粘贴方式示意图

表 6-2　岩梁瞬时弯曲试验结果

试件编号	破坏荷载/N	(M/W_z)/MPa	破坏压应变 $/(\times 10^{-6})$	破坏拉应变 $/(\times 10^{-6})$
B-E-1	97	1.83	769	1 158
B-E-2	89	1.68	724	1 037
B-E-3	93	1.76	697	971
平均	93	1.70	730	1 055

6.1.3　岩梁一次加载静载弯曲蠕变试验

该组试验共取 3 个岩梁试件，试件形状为长方体，尺寸为 30 cm×3 cm×1.5 cm。在每个岩梁纯弯段的上下两侧面各对称粘贴 3 片应变片，共粘贴 6 片，如图 6-2 所示。岩梁静载弯曲蠕变试验分为一次加载和分级加载两种加载方式，以模拟不同的实际工况。根据岩梁瞬时加载弯曲蠕变试验结果，一次加载时试件 B-F-1 的加载荷载 F 约取瞬时弯曲平均破坏荷载 F_S的 85%，为 79 N；试件 B-F-2 的加载荷载 F 约取瞬时弯曲平均破坏荷载 F_S的 90%，为 84 N；试件 B-F-3的加载荷载 F 约取瞬时弯曲平均破坏荷载 F_S的 95%，为 88 N。通过试验得到三组荷载下岩梁的典型蠕变曲线，如图 6-3 至图 6-5 所示。图例中的数字对应图 6-2 中应变片的编号，以下各图同。

3 个试件的破坏应变如表 6-3 所示。与岩梁瞬时加载弯曲蠕变试验的破坏应变相比，变化不大，破坏压应变稍微变大，破坏拉应变略微减小。

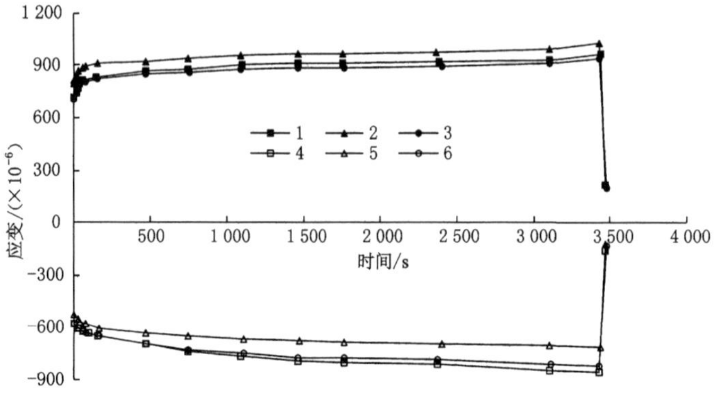

图 6-3 试件 B-F-1 一次加载弯曲蠕变试验曲线($F=85\%F_S$)

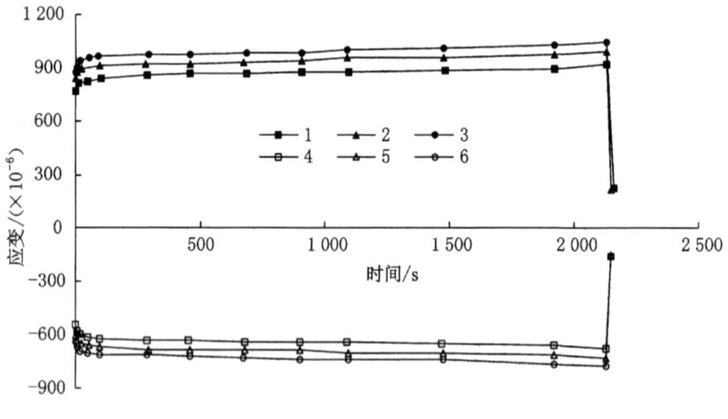

图 6-4 试件 B-F-2 一次加载弯曲蠕变试验曲线($F=90\%F_S$)

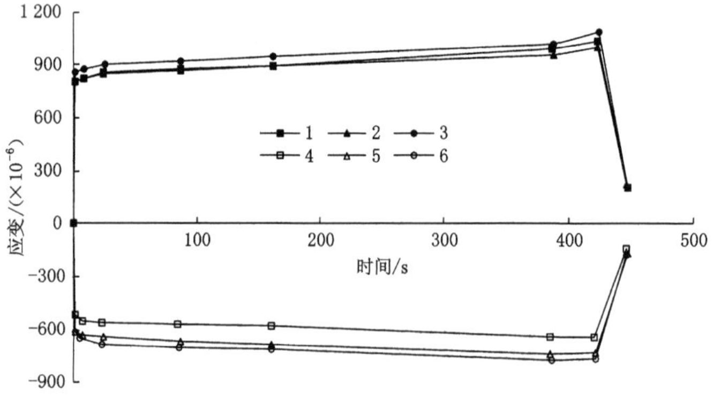

图 6-5 试件 B-F-3 一次加载弯曲蠕变试验曲线($F=95\%F_S$)

表 6-3 一次加载弯曲蠕变试验结果

试件编号	施加荷载/N	$\frac{施加荷载}{破坏荷载}$/%	破坏压应变/($\times 10^{-6}$)	破坏拉应变/($\times 10^{-6}$)	破坏时间/min
B-F-1	79	84.95	794	991	3 472
B-F-2	84	90.32	721	988	2 152
B-F-3	88	94.62	723	1 047	447
平均			746	1 009	

根据 3 个试件的蠕变曲线可以看出：

(1) 梁的顶面和底面均存在蠕变，即梁的受拉一侧和受压一侧均有蠕变发生，且大致规律相似，都存在衰减蠕变阶段、稳定蠕变阶段和加速蠕变阶段。

(2) 拉伸一侧的加速蠕变阶段较受压一侧明显，对于同一试件，受拉一侧的衰减蠕变时间较受压一侧的长。

(3) 随着加载荷载的增大，衰减蠕变阶段时间变短，稳定蠕变阶段或者等速蠕变阶段变得不太明显，衰减蠕变阶段结束后很短时间即转入缓慢的加速阶段，破坏时间也明显缩短。

(4) 岩梁破坏后上下两侧面均存在残余变形，且受拉一侧的残余变形大于受压一侧。

6.1.4 岩梁弯曲中性面分析

众所周知，由于岩石材料具有不同的抗拉、抗压力学性质，因此，在进行岩梁弯曲应力应变分析时，弯曲中性面位置的确定将十分关键。

由于试验所用岩梁为细长梁，所以可以假设横截面应变满足平面假设，如图 6-6所示。设中性轴到横截面几何中线的距离为 l，则：

$$l = \frac{h}{2} \cdot \frac{(\varepsilon_s - \varepsilon_c)}{(\varepsilon_s + \varepsilon_c)} \tag{6-1}$$

式中，应变取绝对值。

将试验所测的应变代入式(6-1)，可得中性面位置在蠕变过程中随时间的变化曲线，图 6-7 为试件 B-F-1 弯曲中性面位置的偏离值随时间变化曲线。

由图 6-7 可以看出，由于岩石的蠕变，试件 B-F-1 弯曲中性面随时间发生变化。刚加载时，中性轴偏离横截面几何中线 3 mm 左右，之后较短的时间内增加至最大值(3.86 mm)，然后偏离值又逐渐减少，至某一值(1.9 mm 左右)时趋于稳定，接近破坏时又突然增大。

在另外两个试件的试验中，岩梁弯曲中性面位置随时间的偏移规律与

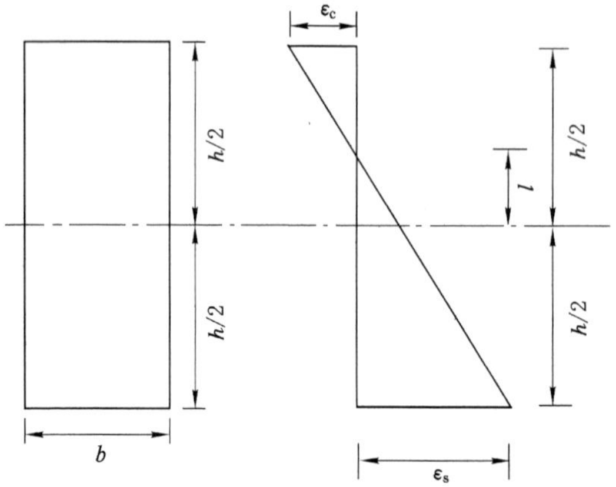

图 6-6　岩梁应变分析示意图

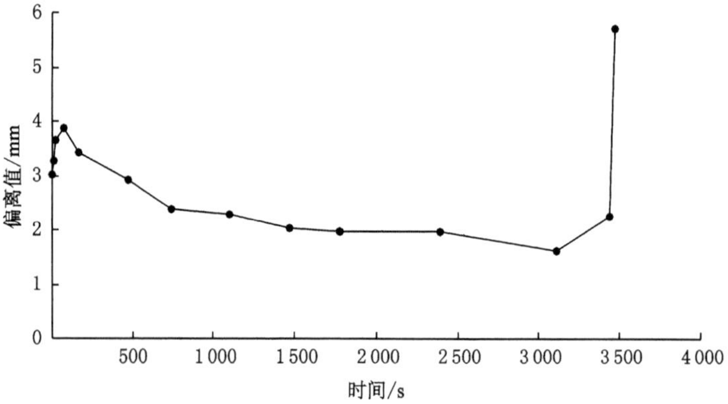

图 6-7　试件 B-F-1 弯曲中性面位置的偏离值随时间变化曲线

图 6-7规律相似，虽然初始偏离值和最大偏离值有些差别，但其稳定时的偏离值接近，分别为 1.91 mm 和 1.97 mm，约为梁高的 6.7%。

由于岩石的抗拉强度远远小于其抗压强度，岩梁受拉一侧与受压一侧的蠕变特性不同，受拉一侧在接近破坏的高应力区发生蠕变，而受压一侧处于低应力区的压密阶段进行蠕变。受拉一侧的蠕变事实上是微裂纹的蠕变张开和扩展，蠕变裂纹的扩展过程存在两种竞争机制。其一，蠕变变形造成裂纹尖端钝化，从而松弛裂纹尖端的应力场，延缓裂纹的扩展；其二，蠕变变形造成裂纹尖端微裂纹和微空洞的损伤演化，随着这些微缺陷的汇合，又能进一步促进裂纹的扩展，蠕变裂纹的扩展速率取决于这两种竞争机制的综合效果。而在岩梁受压一侧，仅存在压密阶段的蠕变变形。岩梁加载之初，受拉一侧的应力即进入高应力水平，蠕变速率大于受压一侧的压密蠕变速率，因而中性轴偏离几何中线的距离会逐渐增大，之后由于裂纹尖端的钝化延缓了裂纹的扩展，即受拉一侧发生了硬化，而受压一侧不受影响，中性轴位置又开始下移，偏离值逐步减小。当上下两侧的蠕变速率接近时，中性轴的位置开始变得稳定。当受拉一侧的损伤扩展机制占主导地位时，蠕变速率增大并进入加速扩展状态，由于此时受压一侧仍不受影响，中性轴上移，直至岩梁破坏。

由上述试验结果及分析可知，岩石拉伸蠕变破坏和压缩蠕变破坏相似，都存在蠕变硬化和软化两种机制。岩石的破坏过程就是这两种机制竞争的过程，在加速蠕变之前，硬化机制起主导作用，蠕变呈衰减状态；当损伤软化起主导作用时，蠕变呈加速状态；而在蠕变硬化和软化两种机制接近平衡时，蠕变接近等速发展状态。

6.1.5 岩梁弯曲应力分析

在中性面位置确定后，即可进行岩梁弯曲应力分析。上面已假定应变满足平面假设，则应力应满足线性分布。由于岩石的抗拉、抗压模量不同，在拉应力区与压应力区内应力将服从不同的直线关系，如图 6-8 所示。

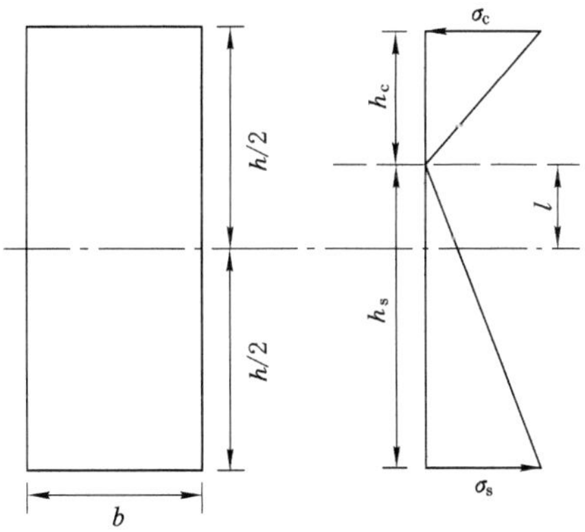

图 6-8 岩梁弯曲应力分析示意图

横截面上的应力满足轴向合力 $N=0$，即

$$N=\int\sigma \mathrm{d}y=0 \tag{6-2}$$

横截面上的应力合成力矩为 M，即

$$M=\int\sigma y\,\mathrm{d}y \tag{6-3}$$

联立式(6-2)和式(6-3),解得:

$$\begin{cases}\sigma_s = \dfrac{\varepsilon_s + \varepsilon_c}{2\varepsilon_s} \cdot \dfrac{M}{W_z} = C_s \dfrac{M}{W_z} \\ \sigma_c = \dfrac{\varepsilon_s + \varepsilon_c}{2\varepsilon_c} \cdot \dfrac{M}{W_z} = C_c \dfrac{M}{W_z}\end{cases} \tag{6-4}$$

式中,M 为截面弯矩;W_z为抗弯截面模量,$W_z = \dfrac{1}{6}bh^2$;应变为试验实测值。

对确定的荷载及岩梁,弯矩 M 和抗弯截面模量 W_z为常量,则应力 σ_s、σ_c 与系数 C_c、C_s具有相同的变化规律。将应变随时间的变化关系代入式(6-4),可得用 C_c、C_s表示的岩梁顶面与底面应力随时间的变化规律,如图 6-9 所示。

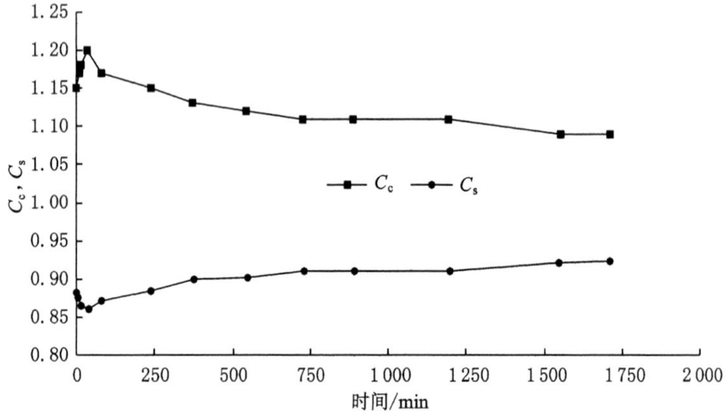

图 6-9 C_c与 C_s随时间的变化规律

由图 6-9 可见,岩梁顶面的最大压应力总大于底面的最大拉应力。最大压应力经过短时间的增加后逐渐减小;而最大拉应力则相反,在经历短时间的降低后逐渐增大。该过程与中性轴随时间的偏移相对应。

若定义压缩与拉伸综合模量分别为 E_c、E_s,则:

$$\begin{cases}E_s = \dfrac{\sigma_s}{\varepsilon_s} = \dfrac{\varepsilon_s + \varepsilon_c}{2\varepsilon_s^2} \cdot \dfrac{M}{W_z} = D_s \dfrac{M}{W_z} \\ E_c = \dfrac{\sigma_c}{\varepsilon_c} = \dfrac{\varepsilon_s + \varepsilon_c}{2\varepsilon_c^2} \cdot \dfrac{M}{W_z} = D_c \dfrac{M}{W_z}\end{cases} \tag{6-5}$$

由式(6-5)可见,当弯矩 M 和抗弯截面模量 W_z为常量时,综合模量 E_c、E_s与系数 D_c、D_s具有相同的变化规律。若将实测的应变值代入式(6-5),可得 D_c、D_s随时间的变化规律,如图 6-10 所示。

对于系数 D_c,由于岩梁顶面的受压区处于压密阶段,因而其蠕变过程较为

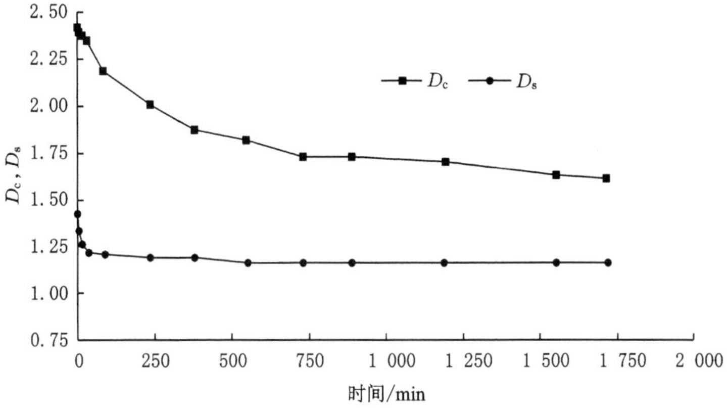

图 6-10 D_c与 D_s随时间的变化规律

复杂，D_c随时间的变化规律用已有的蠕变方程拟合效果均不好。对于系数 D_s，它随时间的变化规律与幂函数吻合较好，其拟合方程为：

$$D_s = 1.360\ 7t^{-0.023\ 7} \tag{6-6}$$

相关系数 $R=0.97$。

6.2 分级加载静载岩梁弯曲蠕变试验

本节以红砂岩岩梁为例，通过对岩梁施加四点弯曲荷载，对分级加载条件下岩梁弯曲蠕变破坏规律进行试验研究，并对弯曲中性面偏离位置进行分析。

6.2.1 岩梁分级加载弯曲蠕变试验设计

本组试验共取 3 个红砂岩试件，试件形状为长方体，尺寸为 30 cm×3 cm×1.5 cm。在每个试件纯弯段的上下两侧面各对称粘贴 3 片应变片，共粘贴 6 片应变片，应变片的编号同前。试验装置及测试仪器与一次加载试验相同，只是将荷载根据瞬时弯曲蠕变试验的平均破坏荷载分为若干级逐渐施加。一般按平均破坏荷载分 4～7 级等差加载，每加一级荷载，使岩梁蠕变一段时间趋于稳定后再加下一级荷载。

6.2.2 岩梁分级加载弯曲蠕变试验结果

共选取 3 个试件进行了分级加载弯曲蠕变试验，试验时间分别为 13 d、16 d 和 33 d。通过试验得到了岩梁的典型蠕变曲线，如图 6-11 至图 6-13 所示。

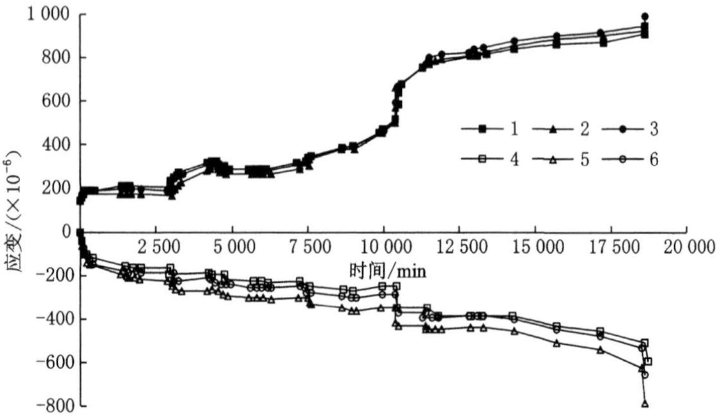

图 6-11　试件 B-S-1 分级加载弯曲蠕变试验曲线

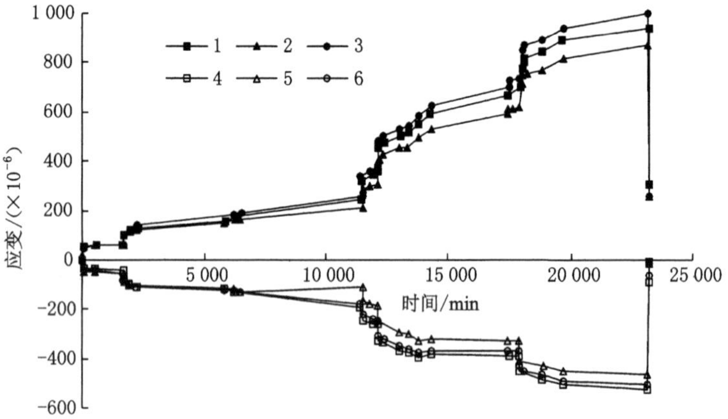

图 6-12　试件 B-S-2 分级加载弯曲蠕变试验曲线

由 3 个试件的蠕变曲线可看出，对于试件 B-S-1，施加第一级荷载为 30 N，岩梁受拉一侧经过约 7 h 的蠕变衰减后，蠕变逐渐趋于稳定，应变不再增加，仅有微小的波动，直至施加下一级荷载。岩梁受压一侧同样呈衰减蠕变形态，但是时间较长，约 24 h 才逐渐趋于稳定，并有微量的增长。第一级荷载延续 2 d 后施加第二级荷载，荷载增量为 20 N，该级荷载持续 5 d。施加第二级荷载后，岩梁受拉区的衰减蠕变段变长，蠕变量较大，蠕变应变为瞬时变形量的 3 倍左右，之后经过一个波动稳定期，进入接近等速蠕变段。而在受压一侧则为一直波动上升状态，但是蠕变变形量较小。第三级荷载增量为 35 N，施加第三级荷

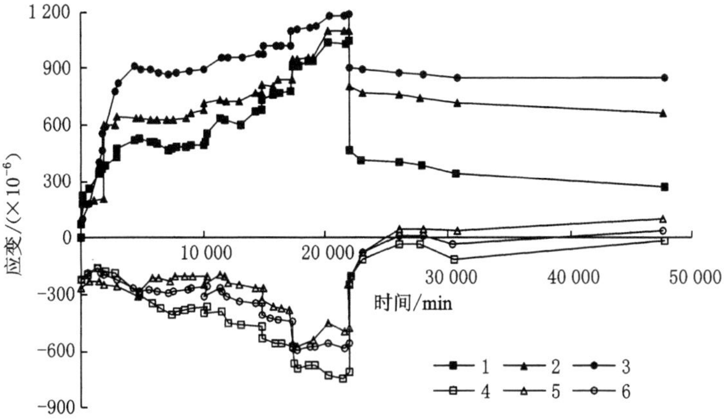

图 6-13 试件 B-S-3 分级加载弯曲蠕变试验曲线

载后受拉侧历经衰减蠕变阶段、较短时间的稳定蠕变阶段后渐呈加速蠕变阶段，直至岩梁破坏。受压一侧在较长的时间内保持为稳定蠕变状态，但蠕变量很小，在受拉侧呈加速蠕变时，其蠕变量才有较为明显的增加。

对于试件 B-S-2，施加的第一级荷载为 15 N，第二级荷载增量为 15 N，第三、四级荷载增量均为 20 N，第五级荷载增量为 15 N，第六级荷载增量为20 N，第七级荷载增量为 15 N。由该试件的试验结果可以看出，岩梁受拉一侧的拉伸蠕变存在一个应力阈值，当荷载小于该应力阈值时仅有衰减蠕变阶段，但是该应力阈值非常小，只有破坏荷载的 20%左右；当荷载大于该应力阈值时，每增加一级荷载，均有瞬时变形产生，且单位荷载增量的瞬时变形越来越大，这表明蠕变变形造成了材料的损伤。瞬时变形后为衰减蠕变阶段，该阶段的蠕变速率随荷载的增大而增大，变形量较大，均远大于瞬时变形，且蠕变时间变长。之后接近等速蠕变阶段，随荷载的增大，蠕变速率提高。由于在最后一级荷载加载过程中试件破坏，未能观测到第三阶段蠕变。受压一侧的蠕变规律与试件 B-S-1 基本相同。

对于试件 B-S-3，施加第一级荷载 50 N 后，在经历短时间稳定蠕变后，岩梁很快产生较大的变形，受拉一侧 3 个应变片中的两个读数出现显著的跳跃，之后呈较大波动状态，蠕变规律性变差。这可能是由于初始荷载较大，应变片粘贴处出现局部裂纹的开裂，应变发生突变；之后其他裂纹的缓慢扩展，使局部应力集中得到松弛，造成蠕变变形的较大波动。该试验在持续 15 d 后岩梁破坏，之后的时间记录了岩梁断裂后残余变形的恢复过程。由该试件的试验曲线可看出，岩梁拉伸侧与压缩侧的变形恢复具有明显不同的特征，受拉侧在断裂后有瞬时的变形恢复，之后几乎为等速率的缓慢变化，至断裂后 18 d 变形仍然在发展，而在受压侧有瞬时恢复，之后呈速率逐渐衰减的状态发展。

与一次加载弯曲蠕变试验结果进行比较得到，分级加载时岩梁受拉一侧的蠕变变形量较大，一般为瞬时变形量的 2～5 倍，破坏拉应变较为接近，变化不大。而受压一侧的变形量明显减小，一次加载弯曲蠕变试验的破坏压应变的平均值为 7.46×10^{-4}，而分级加载弯曲蠕变试验的破坏压应变的平均值为 5.35×10^{-4}，减小 28.3%。

6.2.3 岩梁分级加载弯曲中性面分析

由前述知，分级加载条件下岩梁破坏压应变的平均值要小于一次加载时的，这种变化必然会影响岩梁弯曲中性面的位置，按照与上节同样的分析方法可以得到 3 个试件的中性面位置随时间的偏移规律，如图 6-14 至图 6-16 所示。

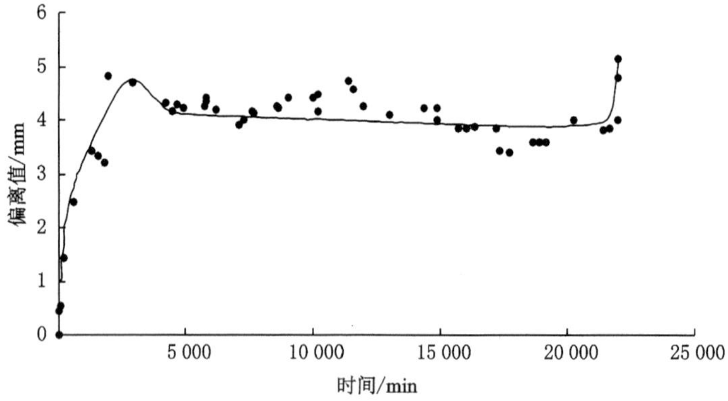

图 6-14 试件 B-S-1 弯曲中性面位置的偏离值随时间变化曲线

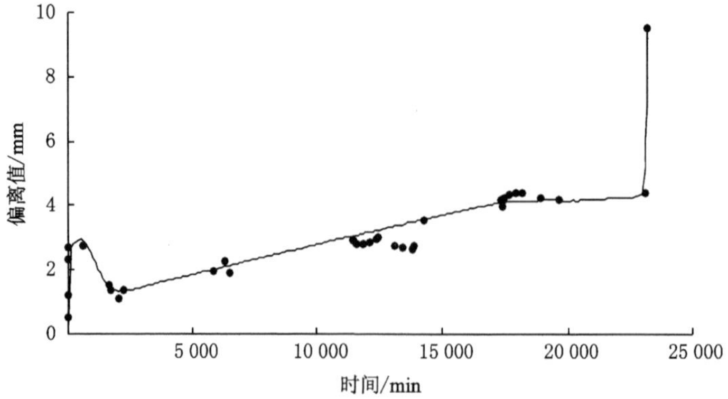

图 6-15 试件 B-S-2 弯曲中性面位置的偏离值随时间变化曲线

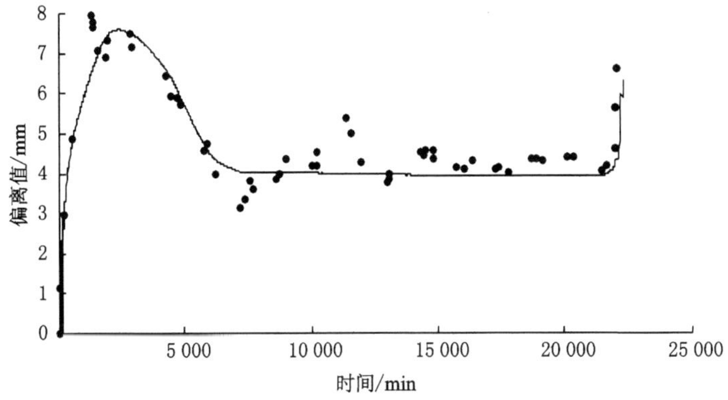

图 6-16　试件 B-S-3 弯曲中性面位置的偏离值随时间变化曲线

从图 6-14 至图 6-16 可看出，3 个试件由于受多次加载的影响，弯曲中性面的移动规律比一次加载的情况复杂，但其总体趋势还是具有共性的，在加载初期，弯曲中性面逐渐向上移动，到达某个较大值或者最大值后，中性面位置又逐渐向下移动，然后趋于某个稳定值，至岩梁临近破坏时又瞬间上移。其中，试件 B-S-1 和试件 B-S-3 由于初始荷载较大，弯曲中性面移动规律接近，中性面下移后偏离值稳定在 4 mm 上下波动直至试件破坏。试件 B-S-2 由于初始荷载较小，且在低应力水平下蠕变时间较长，弯曲中性面的移动规律略有不同，初始阶段弯曲中性面未上移至最大值即开始下移，在经历一段时间的下移过程后又逐渐波动上移，最后在偏离值为 4 mm 附近基本趋于稳定。总体来看，虽然 3 个试件的加载荷载及蠕变发展过程不尽相同，但岩梁断裂前弯曲中性面的偏移稳定值基本相同，都在 4 mm 左右，约为梁高(30 mm)的 13.3%。该偏离值与一次加载蠕变破坏时的偏离值相比明显不同，一次加载时弯曲中性面的最大偏移值和稳定偏移值约为分级加载条件下的 1/2。

6.3　岩梁在弯曲蠕变状态下连续扰动试验

岩梁在动力扰动下的响应全过程是一个复杂的动态过程，一般而言是一个衰减的振动过程，这一过程与许多因素有关。由于岩石是一种十分复杂的介质材料，要全面了解每次动力扰动所引起的振动全过程是非常困难的，也是不必要的。我们感兴趣的是扰动所产生的最终结果，即扰动所引起的永久变形，包括一次扰动的强弱与对变形的影响规律、连续多次扰动对变形的影响规律以及多次扰动所引起的扰动变形累积的情况。

岩梁弯曲时受拉一侧在很小的荷载作用下即发生较大的蠕变，且对外界的微小扰动反应敏感，实际工程中的岩梁或承受拉应力的岩石材料必然也会对动力扰动产生较为敏感的反应，同时，研究受拉状态下岩石蠕变过程中扰动对蠕变的影响，有助于全面了解岩石在静载蠕变环境条件下对随机动力扰动的响应。本节通过室内岩梁扰动试验，探讨扰动荷载对弯曲蠕变的影响，为全面研究扰动蠕变问题提供试验基础。

6.3.1 岩梁弯曲蠕变连续扰动试验设计

试验所用岩梁、测试仪器等与静载弯曲蠕变试验相同，并根据静载弯曲蠕变试验的结果施加扰动荷载。由于本试验没有旧例可循，因此试验的方法与步骤都是试探性的。

试验时，按分级加载条件下的静载弯曲蠕变试验步骤，给岩梁施加数级荷载，使其蠕变一段时间至变形稳定后，在不同时间和应力、应变水平下施加不同强度的动力扰动，每次扰动后立即记录电阻应变片的数值，这样既可以分析扰动荷载的响应，又可以和静载下的蠕变进行比较。

所谓连续扰动试验，就是在某个静载应力水平下，经过一段时间的蠕变后，按相同的条件对岩梁施加多次扰动。试验中施加扰动荷载时的静载为 30 N，静载约为岩梁破坏荷载的 1/3，蠕变总时间为 5 d，总的应变为破坏极限应变的 30.2%，蠕变状态为速率较小的稳定蠕变。扰动荷载施加方式为将 50 g 的砝码从岩梁上方 10 cm 处自由落下，冲击在岩梁顶部承压板的中线位置，每冲击一次，立即记录应变片的读数。由于试验结果记录均为手工操作，每次扰动大约需要 1 min。

6.3.2 岩梁弯曲蠕变连续扰动试验结果

本组试验共选取 3 个红砂岩试件，通过试验得到了岩梁连续扰动弯曲蠕变规律，图 6-17 与图 6-18 分别为试件 B-D-1 冲击次数 N 与增量残余应变 ε_r 和累积残余应变 ε_a 之间的关系曲线。

从图 6-17 与图 6-18 可以看出，在上述试验条件下，即在应力水平较低、总的应变较小的情况下，在时间间隔很短的连续冲击试验中，每次冲击所引起的残余变形随冲击次数的增加而快速衰减，在 5 次扰动后基本不再有残余变形发生，累积应变趋于稳定。

图 6-19 与图 6-20 分别为试件 B-D-2 冲击次数 N 与增量残余应变 ε_r 和累积残余应变 ε_a 之间的关系曲线，试验中施加扰动荷载时的静载为 75 N，约为岩梁破坏荷载的 80%，扰动前的总蠕变时间为 11 d，总的应变为破坏极限应变的

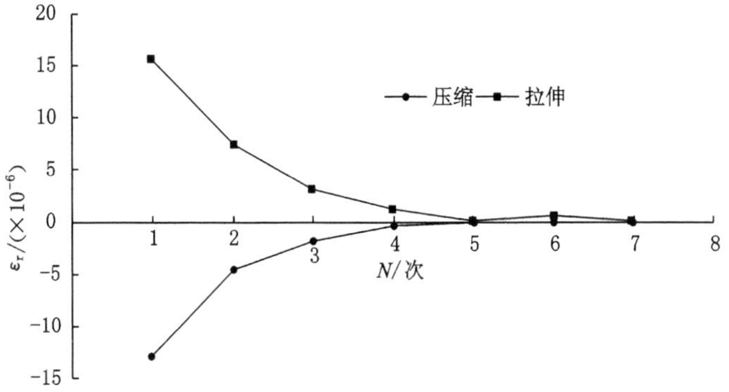

图 6-17　试件 B-D-1 冲击次数 N 与增量残余应变 ε_r 之间的关系曲线

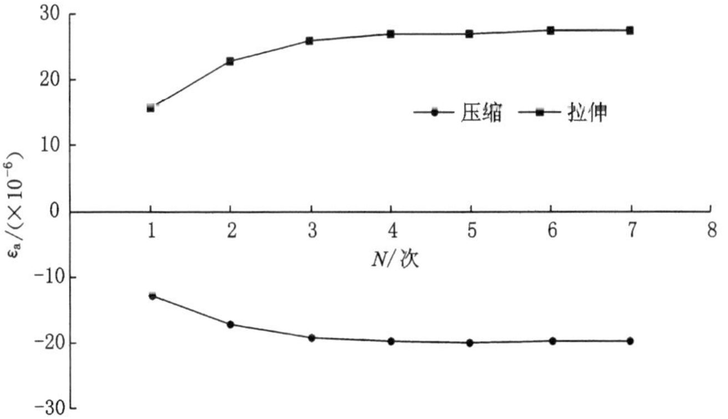

图 6-18　试件 B-D-1 冲击次数 N 与累积残余应变 ε_a 之间的关系曲线

73%。其他参数与试件 B-D-1 相同。

图 6-21 和 6-22 为试件 B-D-3 冲击次数 N 与增量残余应变 ε_r 和累积残余应变 ε_a 之间的关系曲线，试验中施加扰动荷载时的静载为 60 N，约为岩梁破坏荷载的 65%，扰动前的总蠕变时间为 7 d，总的应变为破坏极限应变的 47%。扰动荷载施加方式为将 20 g 的砝码从岩梁正上方 10 cm 处自由落下，冲击在岩梁顶部承压板的中线位置。

由上述变形曲线可以看出，虽然 3 次扰动试验的扰动条件各不相同，但其规律性是相似的。试件 B-D-3 的增量残余应变曲线虽然有一些波动，但其变化趋势尤其是累积应变曲线的变化趋势与另外两个试件的基本一致，即在时间间隔很短的连续冲击中，每次冲击所引起的残余应变随冲击次数的增加衰减很快，

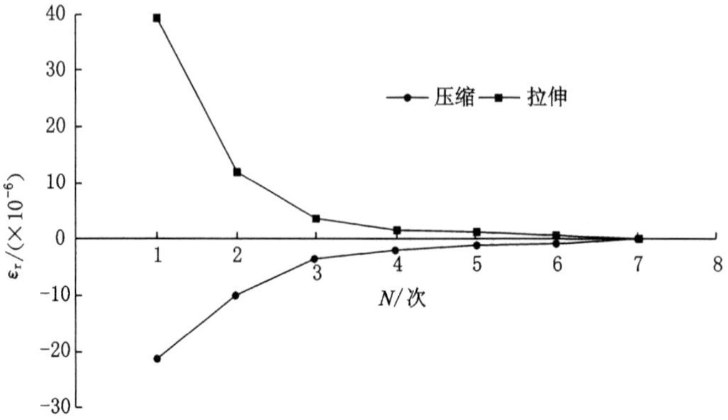

图 6-19 试件 B-D-2 冲击次数 N 与增量残余应变 ε_r 之间的关系曲线

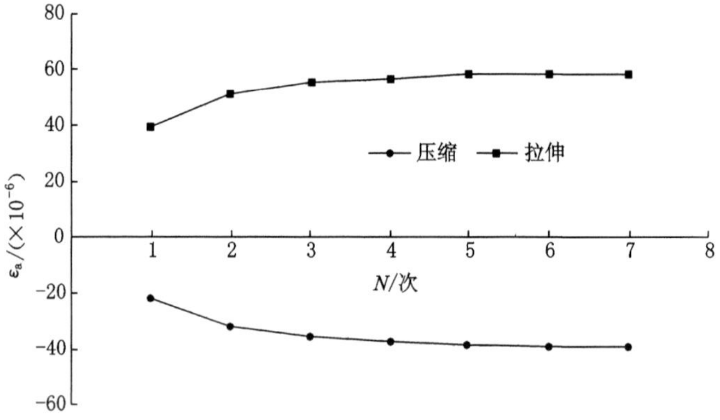

图 6-20 试件 B-D-2 冲击次数 N 与累积残余应变 ε_a 之间的关系曲线

在 5～10 次扰动后基本不再产生残余应变，累积应变趋于稳定，曲线形状与蠕变曲线的衰减阶段颇为相似。

另外，岩梁受压一侧的扰动累积应变均小于受拉一侧，稳定时 3 个试件的压缩累积应变分别为拉伸累积应变的 74%、82%和 66%。

值得注意的是，在施加冲击扰动后，静载下的蠕变会“休眠”一段时间。在该时段内，受压一侧由扰动引起的残余应变会有不同程度的缓慢反弹，从应变片的读数上看，在几小时至最多不超过两天的时间内，受压一侧的残余应变大部分会消失，尤其在静载较小时残余应变会全部反弹恢复。而受拉一侧的“休眠”则表现为应变在几小时到十几小时内保持为几乎不变的常量，度过“休眠”期后，静载下的蠕变会逐渐恢复正常，和扰动前的蠕变相比没有明显的变化。

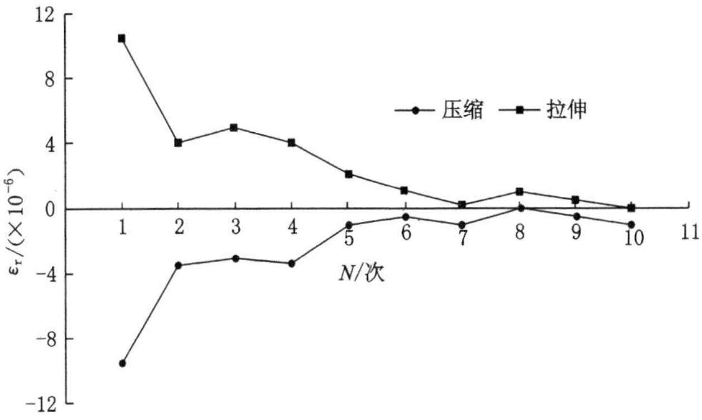

图 6-21 试件 B-D-3 冲击次数 N 与增量残余应变 ε_r 之间的关系曲线

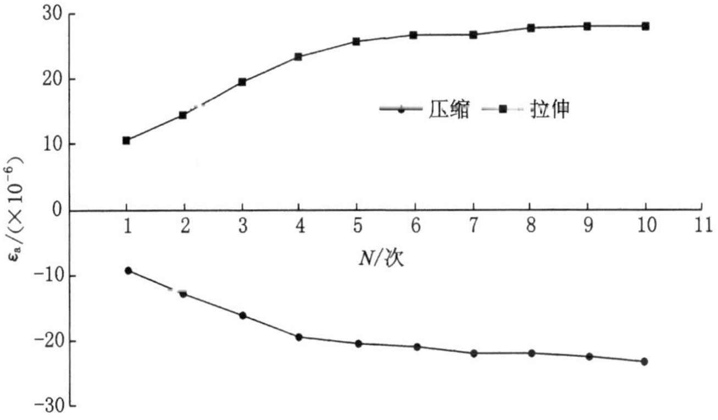

图 6-22 试件 B-D-3 冲击次数 N 与累积残余应变 ε_a 之间的关系曲线

在后面的试验中还会发现，若在一次扰动稳定后 2～3 d 内重复施加冲击荷载，则扰动引起的残余应变会显著减小，超过这个时段后几乎没有影响。这种现象与前述静载蠕变下的硬化、损伤机制相似，对受拉一侧而言，一方面，扰动荷载会引起裂纹尖端的损伤演化，形成残余应变；另一方面，裂纹尖端的扩张会松弛局部的应力场，从而延缓裂纹的扩展。

6.4 岩梁在弯曲蠕变状态下间隔重复扰动试验

在上一节试验的基础上，对试件 B-D-1 首次施加扰动冲击完成 2 d、静载蠕变恢复稳定后，以相同质量(50 g)的砝码同样在岩梁上方 10 cm 处自由下落，对岩梁做第二次冲击扰动试验，得到了岩梁在间隔重复扰动条件下的蠕变规律。图 6-23 和图 6-24 分别为试件 B-D-1 第二次扰动时冲击次数 N 与增量残余应变 ε_r 和累积残余应变 ε_a 间的关系曲线。

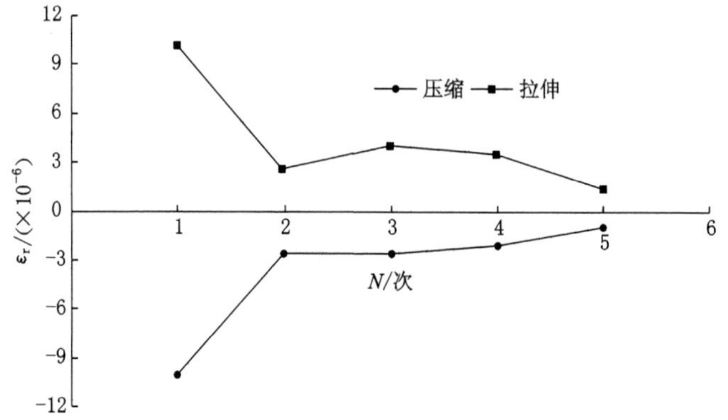

图 6-23　试件 B-D-1 重复扰动时冲击次数 N 与增量残余应变 ε_r 之间的关系曲线

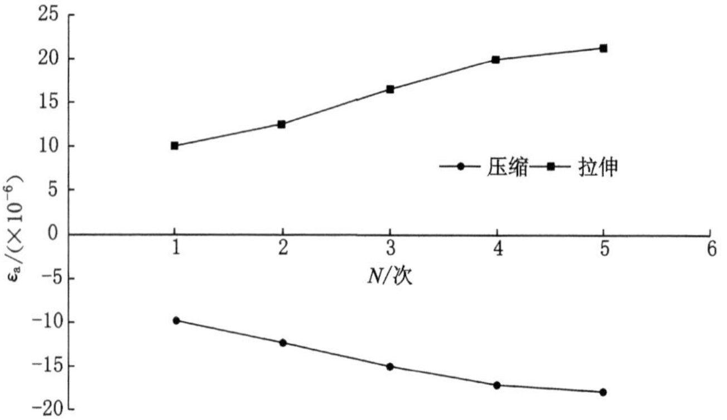

图 6-24　试件 B-D-1 重复扰动时冲击次数 N 与累积残余应变 ε_a 之间的关系曲线

为了验证岩梁重复扰动的蠕变规律，对试件 B-D-2 与试件 B-D-3 也进行了重复扰动试验。试件 B-D-2 是在第一次冲击扰动后 1.5 d 时施加第二次扰动的，砝码质量和冲击高度与第一次冲击扰动相同。试件 B-D-3 在第一次冲击扰动后 2 d 时施加第二次扰动，砝码质量和冲击高度也与第一次冲击扰动相同。得到的试验曲线如图 6-25 至图 6-28 所示。

由上述 3 个试件的重复扰动试验曲线可以看出，试件总的响应与第一次冲

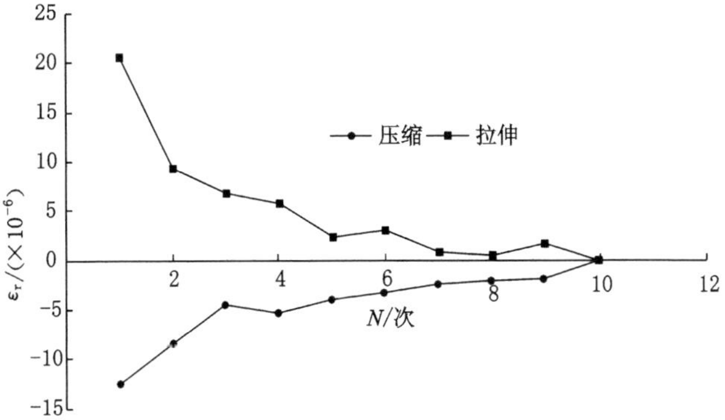

图 6-25 试件 B-D-2 重复扰动时冲击次数 N 与增量残余应变 ε_r 之间的关系曲线

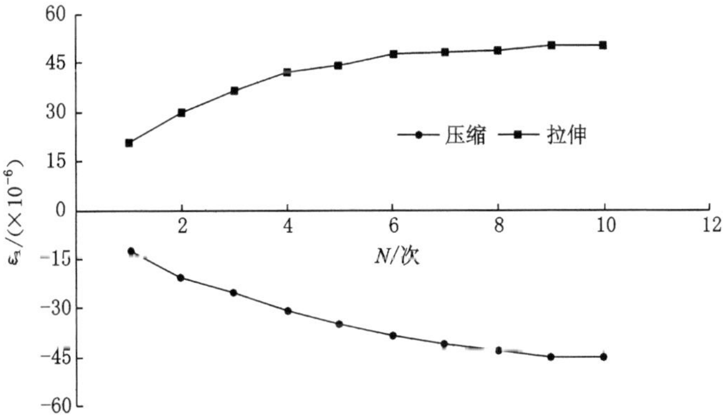

图 6-26 试件 B-D-2 重复扰动时冲击次数 N 与累积残余应变 ε_a 之间的关系曲线

击扰动时的响应规律相似，但是，残余应变明显比第一次冲击扰动时减小，首次冲击的残余应变只有第一次冲击扰动首次冲击的 1/2 左右，达到稳定时的平均累积应变为第一次冲击扰动的 2/3 左右。

进一步的试验表明，在距离破坏极限应变较远时，若两次相邻扰动的时间间隔小于 2 d，则前一次扰动都会影响后一次，使后一次的扰动残余应变明显减小，并且间隔时间越短，前次扰动对后次扰动的影响越大。如果在短时间内(如 1～2 h)进行两次相同的冲击扰动试验，则后面一次冲击扰动的残余应变几乎可以忽略不计，只有增大砝码的质量或提高冲击高度才能引起残余应变的增大。

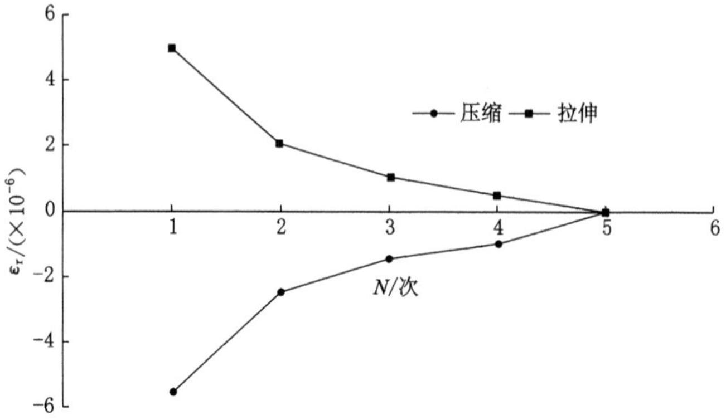

图 6-27　试件 B-D-3 重复扰动时冲击次数 N 与增量残余应变 ε_r 之间的关系曲线

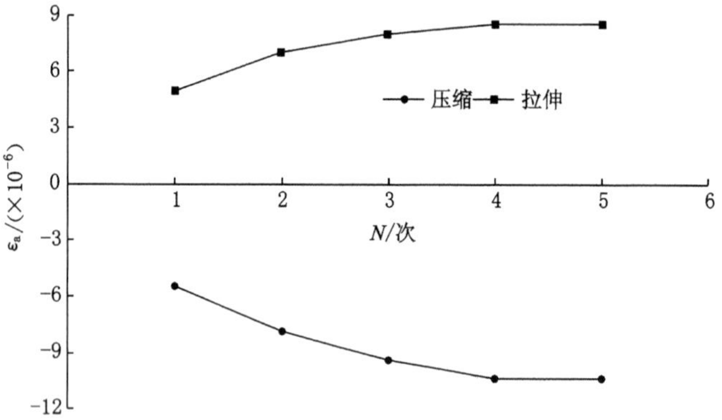

图 6-28　试件 B-D-3 重复扰动时冲击次数 N 与累积残余应变 ε_a 之间的关系曲线

6.5　岩梁在弯曲强度极限邻域内的扰动试验

通过上述试验，对岩梁在静载弯曲蠕变过程中的扰动响应的基本规律已有了解，但在对试验结果进行定量分析时发现，岩梁在冲击扰动下所产生的残余应变不仅与冲击强度有关，还与扰动的时机、相邻两次扰动的间隔时间有关。冲击强度是指冲击砝码的质量与冲击高度，冲击强度的大小与岩梁的振动初始速度密切相关。由于冲量作用在岩梁上的时间很短，岩梁的振动初速度（以及加速度）可以用理想模型近似确定，也可以用振动仪测定，并且这两种方法得到的初速度一致性较好。但是，梁的振动初速度与残余变形或塑性变形之间的关系相当复杂，与多种因素有关，如材料的性质，包括静载下的力学性质、动载下的力学性质,以及材料的应力应变状态等。扰动时机即指扰动时材料的应力应变状态,上述试验中岩梁的应力水平越高,应变越大,则在同样的冲击强度下所产生的残余变形越大,也就是说越接近破坏极限应变,岩梁对扰动的响应越敏感,扰动对岩梁稳定性的影响越大。因此,研究岩梁在弯曲强度极限邻域内的扰动响应特点具有更重要的意义,以下通过试验对这一问题作初步的探讨。

对试件 B-D-1,在上一节第二次扰动结束 3 d 时进行第三次扰动试验,选取荷载为 80 N(约为平均瞬时破坏荷载的 86%)、平均拉应变为 8.39×10^{-4}(为破坏极限应变的 81%)的状态施加冲击扰动,砝码质量为 50 g,冲击高度为 10 cm。通过试验得到岩梁在第三次扰动时的变形曲线,如图 6-29 和图 6-30 所示。

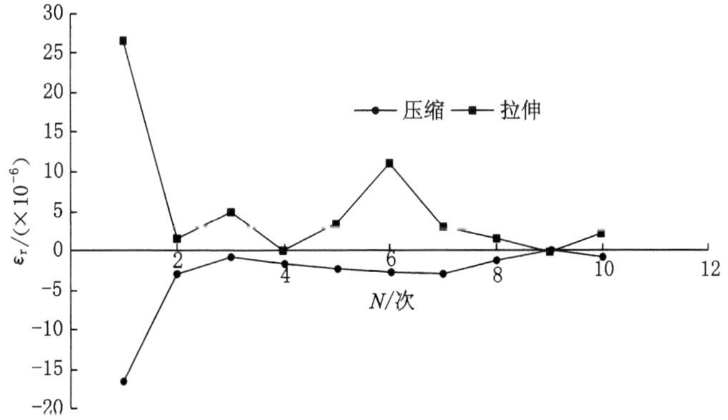

图 6-29 试件 B-D-1 第三次扰动时冲击次数 N 与增量残余应变 ε_r 之间的关系曲线

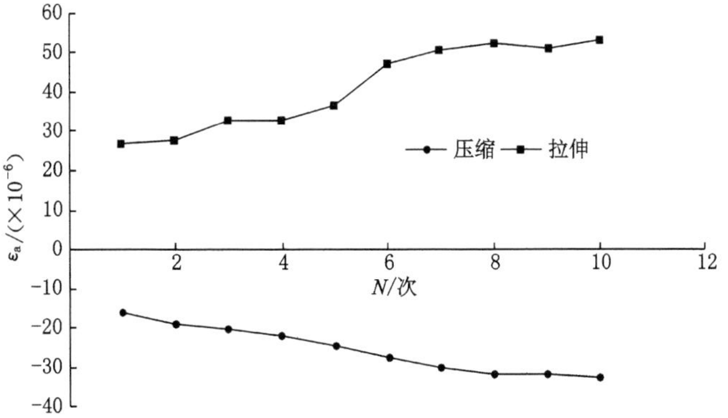

图 6-30 试件 B-D-1 第三次扰动时冲击次数 N 与累积残余应变 ε_a 之间的关系曲线

图 6-29 与图 6-30 表明，第三次扰动的首次冲击所引起的残余应变远大于第一次扰动首次冲击所引起的残余应变，其中，压应变前者是后者的 1.27 倍，拉应变前者是后者的 1.71 倍；累积压应变前者是后者的 1.65 倍，累积拉应变前者是后者的 1.95 倍。而从变形曲线形态上看，虽然变化趋势与第一次扰动的曲线相似，但是本次扰动应变的规律性较差而波动性较强。而且从试验数据上看，第三次扰动时 3 个应变片的读数间也有较大的差异，离散性增强。

在此基础上对试件 B-D-1 进一步施加第四次冲击扰动，与第三次扰动的间隔时间为 1 d，冲击砝码质量为 100 g，冲击高度为 10 cm，其余参数同前，得到的试验曲线如图 6-31 与图 6-32 所示。

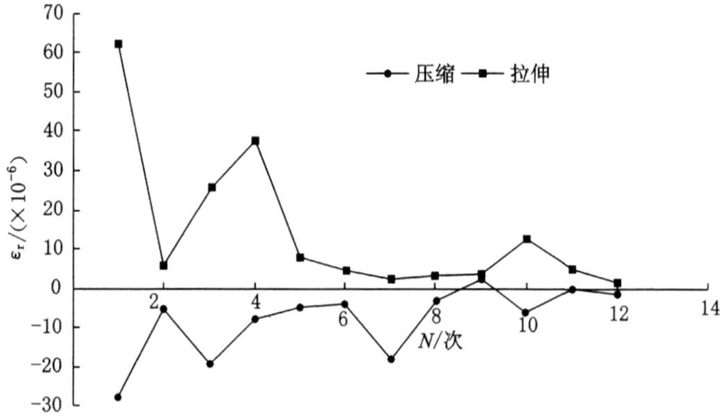

图 6-31　试件 B-D-1 第四次扰动时冲击次数 N 与增量残余应变 ε_r 之间的关系曲线

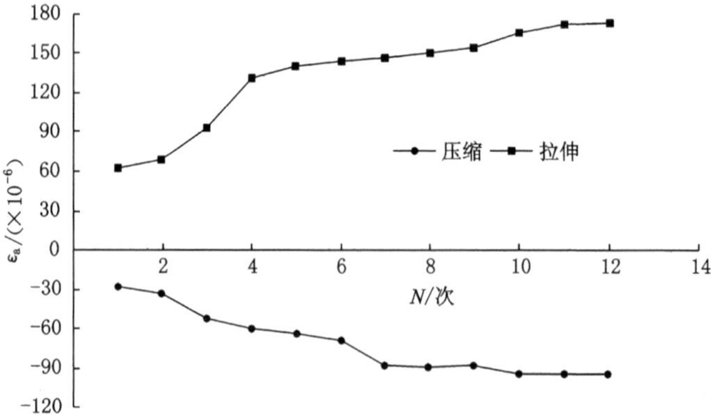

图 6-32　试件 B-D-1 第四次扰动时冲击次数 N 与累积残余应变 ε_a 之间的关系曲线

在第四次冲击扰动试验之前的试探性试验中发现，在应力水平较低情况下冲击扰动后的 1～2 d 内，将冲击砝码的质量从 20 g 增加到 50 g，而冲击高度不变进行重复扰动试验时，后者的残余应变小于前者。而本次冲击的砝码质量增幅小于前面试探性试验中的砝码质量增幅，但产生的残余应变远大于前一次扰动时的。最大单次冲击残余应变和扰动累积残余应变分别为前次扰动的 2.35 倍(拉)和 1.7 倍(压)、3.24 倍(拉)和 2.86 倍(压)。冲击扰动结束后，继续观测岩梁在静载下的蠕变发现，岩梁的“休眠期”明显缩短，大部分情况下在 1～2 h 内蠕变即可恢复正常。1 d 后按照相同质量及高度再次施加扰动时，首次冲击的残余应变达到 9.5×10^{-5}(拉伸一侧)，比前次扰动的首次冲击残余应变增长 50%；第二次冲击的残余应变为 3.8×10^{-5}(拉伸一侧)；第三次冲击时岩梁断裂。从应变数值上看，在连续冲击时，即使临近破坏后一次冲击的残余应变仍然受到前一次的影响，并且随着冲击次数的增加，这种影响越来越弱。

为了验证上述试验规律的一般性，进行了多个岩梁弯曲蠕变扰动试验，试验结果如表 6-4 所示。

表 6-4　岩梁弯曲蠕变扰动试验结果

试件	M/g	H/cm	p/N	N_d	$\varepsilon/(\times10^{-6})$	$\varepsilon_r/(\times10^{-6})$	$\varepsilon_a/(\times10^{-6})$
B-D-4	20	10	60/75	7/5/9/6	654/703/823/872	11/6/14/11	28/13/37/33
B-D-5	20	10	60/75	7/6/7/7	611/684/847/896	9/6/17/13	23/14/29/27
B-D-6	50	10	60/75	7/6/9/7	587/646/812/877	25/12/33/39	44/25/63/79
B-D-7	50	10	60/75	8/5/11/7	623/695/835/922	29/11/37/52	51/22/72/92
B-D-8	100	10	60/75	9/7/11/4	602/689/794/947	43/20/62/94	67/46/112/137 断裂
B-D-9	100	10	60/75	10/7/11/7	590/711/787/927	39/23/79/124	62/35/132/184 断裂

表 6-4 中，M 为冲击砝码的质量；H 为砝码的冲击高度；p 为冲击时的静载；N_d为每次扰动冲击的次数；ε 为冲击时岩梁的总应变；ε_r为每次扰动首次冲击引起的拉伸一侧的残余应变；ε_a为每次扰动产生的累积应变。

由上述试验可以看出，在不同的阶段岩梁弯曲蠕变对扰动的响应不同，当应力应变水平较低时，弯曲蠕变对扰动的敏感程度较低，而在应力应变水平较高时则较为敏感。两个区域的分界点可以通过连续扰动试验来判别：在两次间隔时间较短(如 1～2 h)的扰动中，若后一次扰动的残余应变较前一次有明显减小，则蠕变状态为稳定状态，对扰动的影响不敏感；而若后一次扰动的残余应变较前一次没有明显减小，即两次扰动的残余应变接近，尤其是后一次扰动的残余应变大于前一次扰动的残余应变时，则认为蠕变对扰动的影响敏感，进入敏感区域。通过对试验数据的分析认为，在蠕变条件下，以岩梁的应变作为分界参数较为适当，对红砂岩岩梁而言，该分界点约为破坏拉应变的 80%左右，而在受压一侧应变的离散性较大。当然，由于试验中采用的冲击砝码质量以及冲击高度的组合较少，没有达到连续变化的条件，由此得到的试验结论仅是初步结论，更精确的结果需要对不同材料和尺寸的岩梁采用不同的荷载扰动方式等进行大量的试验来确定。

参考文献

[1] 孙钧.岩土材料流变及其工程应用[M].北京:中国建筑工业出版社,1999.
[2] 陈宗基.根据流变学与地球动力学观点研究新奥法[J].岩石力学与工程学报,1988,7(2):97-106.
[3] 郑雨天.岩石力学的弹塑粘性理论基础[M].北京:煤炭工业出版社,1988.
[4] 穆霞英.蠕变力学[M].西安:西安交通大学出版社,1990.
[5] 刘特洪,林天健.软岩工程设计理论与施工实践[M].北京:中国建筑工业出版社,2001.
[6] WAWERISK W. Time-dependent rock behavior in uniaxial compression [C]//New Horizons in Rock Mechanics,1972.
[7] 尹祥础.固体力学[M].北京:地震出版社,1985.
[8] 周维垣.高等岩石力学[M].北京:水利电力出版社,1990.
[9] 周光泉,刘孝敏.粘弹性理论[M].合肥:中国科学技术大学出版社,1996.
[10] 于学馥.岩石记忆与开挖理论[M].北京:冶金工业出版社,1993.
[11] 缪协兴.软岩巷道围岩流变大变形有限元计算方法[J].岩土力学,1995,16(2):24-34.
[12] 范秋雁.软岩流变地压控制原理[J].中国矿业,1996,5(4):47-52.
[13] 郭志.软岩流变过程与强度研究[J].工程地质学报,1996,4(1):75-79.
[14] 朱维申.粘弹-塑性介质中围岩与衬砌的应力状态[J].力学学报,1981(1):56-67.
[15] 孙钧,汪炳鑑.地下结构有限元法解析[M].上海:同济大学出版社,1988.
[16] 孙钧.地下工程设计理论与实践[M].上海:上海科学技术出版社,1996.
[17] 张向东,郑雨天,吕兴亚,等.软弱岩体 Berger 模型及井巷流变地压[J].中国有色金属学报,1997,7(1):13-17.
[18] 范华林,金丰年.岩石损伤定义中的有效模量法[J].岩石力学与工程学报,2000,19(4):432-435.
[19] 王红伟,王希良,彭苏萍,等.软岩巷道围岩流变特性试验研究[J].地下空间,2001,21(5):361-364,374.

[20] 缪协兴.采动岩体的流变与控制技术[J].力学与实践,2001,23(3):7-12.

[21] 张玉军,刘谊平.正交各向异性岩体中地下洞室稳定的粘弹-粘塑性三维有限元分析[J].岩土力学,2002,23(3):278-283.

[22] 朱合华,叶斌.饱水状态下隧道围岩蠕变力学性质的试验研究[J].岩石力学与工程学报,2002,21(12):1791-1796.

[23] 徐平,杨挺青,徐春敏,等.三峡船闸高边坡岩体时效特性及长期稳定性分析[J].岩石力学与工程学报,2002,21(2):163-168.

[24] 赵淑萍,何平,朱元林,等.冻结砂土在动荷载下的蠕变特征[J].冰川冻土,2002,24(3):270-274.

[25] 曹树刚,边金,李鹏.软岩蠕变试验与理论模型分析的对比[J].重庆大学学报,2002,25(7):96-98.

[26] 潘长良,陈沅江,曹平,等.岩石蠕变过程的不可逆热力学分析[J].中南工业大学学报,2002,33(5):441-444.

[27] 高延法.岩石真三轴压力试验与岩体损伤力学[M].北京:地震出版社,1999.

[28] 郑哲敏,周恒,张涵信,等.21 世纪初的力学发展趋势[J].力学进展,1995,25(4):433-441.

[29] SCHNEIDER T R. Geological-geotechnical experience in the construction of the Seelisberg tunnel, Switzerland[J]. International journal of rock mechanics and mining sciences & geomechanics abstracts,1980,17(5):88.

[30] 宗义江,韩立军,张后全,等.深井上下覆开采软岩巷道围岩稳定机理与控制技术研究[J].煤矿安全,2009(3):12-15.

[31] CARLSON A, FREDRIKSSON S, OLSSON T. Tunnelling and rock support work at Juktan hydro power plant, Sweden[J] International journal of rock mechanics and mining sciences & geomechanics abstracts, 1983,20(1):16.

[32] BROCH E, SØRHEIM S. Experiences from the planning, construction and supporting of a road tunnel subjected to heavy rockbursting[J]. Rock mechanics and rock engineering,1984,17(1):15-35.

[33] 陆家梁.软岩巷道支护技术[M].长春:吉林科学技术出版社,1995.

[34] 高延法,张庆松.矿山岩体力学[M].徐州:中国矿业大学出版社,2000.

[35] 袁龙蔚.流变力学[M].北京:科学出版社,1986.

[36] 刘雄.岩石流变学概论[M].北京:地质出版社,1994.

[37] 陈宗基.地下巷道长期稳定性的力学问题[J].岩石力学与工程学报,1982,

1(1):1-20.

[38] HOEK E,BROWN E T. 岩石地下工程[M]. 连志升,田良灿,王维德,等,译. 北京:冶金工业出版社,1986.

[39] LOMBARDI G. Long term measurements in underground openings and their interpretation with special consideration to the rheological behaviour of the rock[J]. International journal of rock mechanics and mining sciences & geomechanics abstracts,1979,16(3):59.

[40] LANGER M. Rheological behavior of rock masses[J]. International journal of rock mechanics and mining sciences & geomechanics abstracts,1981,18(1):5-6.

[41] TAN T K,KANG W F. Locked in stresses,creep and dilatancy of rocks, and constitutive equations[J]. International journal of rock mechanics and mining sciences & geomechanics abstracts,1981,18(1):4.

[42] 陈宗基. 关于岩石变形的基本偏微分方程[J]. 岩石力学与工程学报,1984,3(1):10 22.

[43] GRIGGS D. Creep of rocks[J]. The journal of geology,1939,47(3):225-251.

[44] ROBERTSON E C. Viscoelasticity of rock, in state of stress in the earth's crust[M]. New York:Elsevier Publishing Company,1964.

[45] LAMA R D,VULUKURI V S. Handbook on mechanical properties of rocks[J]. International journal of rock mechanics and mining sciences & geomechanics abstracts,1978,15(6):369.

[46] LTÔ H,SASAJIMA S. A ten year creep experiment on small rock specimens[J]. International journal of rock mechanics and mining sciences & geomechanics abstracts,1987,24(2):113-121.

[47] 古德曼. 岩石力学原理及其应用[M]. 王鸿儒,王宏硕,译. 北京:水利电力出版社,1990.

[48] 陶振宇. 岩石力学的理论与实践[M]. 武汉:武汉大学出版社,2013.

[49] 孙钧,李永盛. 岩石流变力学及其应用[C]//佚名. 岩石力学新进展. 沈阳:东北工学院出版社,1989.

[50] 章根德,何鲜,朱维耀. 岩石介质流变学[M]. 北京:科学出版社,1999.

[51] 李永盛. 单轴压缩条件下四种岩石的蠕变和松弛试验研究[J]. 岩石力学与工程学报,1995,14(1):39-47.

[52] LI Y S,XIA C C. Time-dependent tests on intact rocks in uniaxial

compression[J]. International journal of rock mechanics and mining sciences,2000,37(3):467-475.
[53] 张向东,郑雨天,肖裕行.第三系软弱岩体蠕变理论[J].东北大学学报(自然科学版),1997,18(1):31-35.
[54] 金丰年.岩石拉压特征的相似性[J].岩土工程学报,1998,20(2):31-35.
[55] 山下秀,杉木文男,今井忠南,等.岩石蠕变及疲劳破坏过程和破坏极限研究[J].辽宁工程技术大学学报(自然科学版),1999,18(5):452-455.
[56] XU P,YANG T Q. A study of the creep of granite[C] //Proceeding of IMMM'95, 1995.
[57] 徐平,夏熙伦.三峡工程花岗岩蠕变特性试验研究[J].岩土工程学报,1996,18(4):63-67.
[58] 夏熙伦,徐平,丁秀丽.岩石流变特性及高边坡稳定性流变分析[J].岩石力学与工程学报,1996,15(4):312-322.
[59] MARANINI E,BRIGNOLI M. Creep behaviour of a weak rock:experimental characterization[J]. International journal of rock mechanics and mining sciences,1999,36(1):127-138.
[60] 吴刚.红砂岩卸荷破坏特性的试验研究[C]//佚名.第二届全国岩土力学与工程学术讨论会论文集.大连:大连理工大学出版社,1995:228-236.
[61] SUN J,HU Y Y. Time-dependent effects on the tensile strength of saturated granite at Three Gorges Project in China[J]. International journal of rock mechanics and mining sciences,1997,34(3-4):306e1-306e13.
[62] 李建林.岩石拉剪流变特性的试验研究[J].岩土工程学报,2000,22(3):299-303.
[63] 许宏发.软岩强度和弹模的时间效应研究[J].岩石力学与工程学报,1997,16(3):246-251.
[64] 邓广哲,朱维申.岩体裂隙非线性蠕变过程特性与应用研究[J].岩石力学与工程学报,1998,17(4):358-365.
[65] 邓广哲,朱维申.蠕变裂隙扩展与岩石长时强度效应实验研究[J].实验力学,2002,17(2):177-183.
[66] 陈有亮,孙钧.岩石的蠕变断裂特性分析[J].同济大学学报,1996,24(5):504-508.
[67] 陈有亮,刘涛.岩石流变断裂扩展的力学分析[J].上海大学学报(自然科学版),2000,6(6):491-496.
[68] 陈有亮.岩石蠕变断裂特性的试验研究[J].力学学报,2003,35(4):

480-484.

[69] 张晓春,杨挺青,缪协兴.岩石裂纹演化及其力学特性的研究进展[J].力学进展,1999,29(1):3-5.

[70] YANG G S,ZHANG G Q. Rock mass damage and monitoring[M]. Xi'an:Shanxi Science and Technology Press,1998.

[71] 葛修润,任建喜,蒲毅彬,等.煤岩三轴细观损伤演化规律的CT动态试验[J].岩石力学与工程学报,1999,18(5):497-502.

[72] GE X R,REN J X,PU Y B,et al. Real-in time CT test of the rock meso-damage propagation law[J]. Science in China (Series E),2001,40(3):328-336.

[73] 任建喜.三轴压缩岩石损伤扩展细观机理及其本构模型[J].煤炭学报,2001,26(6):577-578.

[74] 任建喜.单轴压缩岩石蠕变损伤扩展细观机理CT实时试验[J].水利学报,2002(1):10-15.

[75] 徐平,杨挺青.岩石流变试验与本构模型辨识[J].岩石力学与工程学报,2001,20(增刊):1739-1744.

[76] 杨挺青.粘弹性力学[M].武汉:华中理工大学出版社,1990.

[77] 范广勤.岩土工程流变力学[M].北京:煤炭工业出版社,1993.

[78] 杨绪灿,杨桂通,徐秉业.粘塑性力学概论[M].北京:中国铁道出版社,1985.

[79] 陈子荫.围岩力学分析中的解析方法[M].北京:煤炭工业出版社,1994.

[80] 余启华.岩石的流变破坏过程及有限元分析[J].水利学报,1985(1):55-61.

[81] 陶振宇.岩石流变试验与现场观测的比较分析[J].水利学报,1985(10):48-54.

[82] 曹树刚,边金,李鹏.岩石蠕变本构关系及改进的西原正夫模型[J].岩石力学与工程学报,2002,21(5):632-634.

[83] 韦立德,徐卫亚,朱珍德,等.岩石粘弹塑性模型的研究[J].岩土力学,2002,23(5):583-586.

[84] 邓荣贵,周德培,张倬元,等.一种新的岩石流变模型[J].岩石力学与工程学报,2001,20(6):780-784.

[85] 陈沅江,潘长良,曹平,等.一种软岩流变模型[J].中南工业大学学报(自然科学版),2003,34(1):16-20.

[86] 陈沅江,潘长良,曹平,等.软岩流变的一种新力学模型[J].岩土力学,

2003,24(2):209-214.

[87] PERZYNAP. Fundamental problems in viscoplasticity[J]. Advances in applied mechanics,1966(9):243-377.

[88] 袁静,龚晓南,益德清.岩土流变模型的比较研究[J].岩石力学与工程学报,2001,20(6):772-779.

[89] 刘元雪.岩土本构理论的几个基本问题研究[J].岩土工程学报,2001,23(1):45-48.

[90] VALANIS K C. A theory of viscoplasticity without a yield surface:part 1 general theory[R]. Defense Technical Information Center,1970.

[91] VALANIS K C. On the substance of Rivlin's remarks on the endochronic theory[J]. International journal of solids and structures, 1981, 17(2): 249-265.

[92] BAZANT Z P, BHAT P D, SHIEH C L. Endochronic theory for inelasticity and failure analysis of concrete structures[R]. Office of Scientific and Technical Information(OSTI),1976.

[93] 范镜泓,高芝晖.非线性连续介质力学基础[M].重庆:重庆大学出版社,1987.

[94] 杨春和,王武林,范镜泓.软岩静力学特性的一种内时本构描述[J].岩土力学,1987,8(1):11-17.

[95] 陈沅江,潘长良,曹平,等.基于内时理论的软岩流变本构模型[J].中国有色金属学报,2003,13(3):735-742.

[96] 陈智纯,缪协兴,茅献彪.岩石流变损伤方程与损伤参量测定[J].煤炭科学技术,1994,22(8):34-36.

[97] 缪协兴,陈至达.岩石材料的一种蠕变损伤方程[J].固体力学学报,1995,16(4):343-346.

[98] 陈祖安,伍向阳.三轴应力下岩石蠕变扩容的微裂纹扩展模型[J].地球物理学报,1994,37(增2):156-160.

[99] 凌建明.岩体蠕变裂纹起裂与扩展的损伤力学分析方法[J].同济大学学报(自然科学版),1995,23(2):141-146.

[100] 刘公瑞,周维垣,杨若琼.岩石混凝土类材料细观损伤流变断裂模型及其工程应用[J].水利学报,1997(10):33-38.

[101] 朱维申,邱祥波,李术才,等.损伤流变模型在三峡船闸高边坡稳定分析的初步应用[J].岩石力学与工程学报,1997,16(5):431-436.

[102] 肖洪天,强天弛,周维垣.三峡船闸高边坡损伤流变研究及实测分析[J].

岩石力学与工程学报,1999,18(5):512-515.
[103] 肖洪天,周维垣,杨若琼.岩石裂纹流变扩展的细观机理分析[J].岩石力学与工程学报,1999,18(6):623-626.
[104] 肖洪天,周维垣,杨若琼.三峡永久船闸高边坡流变损伤稳定性分析[J].土木工程学报,2000,33(6):94-98.
[105] 金丰年.岩石的非线性流变[M].南京:河海大学出版社,1998.
[106] 金丰年,范华林.岩石的非线性流变损伤模型及其应用研究[J].解放军理工大学学报(自然科学版),2000,1(3):1-5.
[107] 曹树刚,鲜学福.煤岩蠕变损伤特性的实验研究[J].岩石力学与工程学报,2001,20(6):817-821.
[108] 中华人民共和国水利部.水利水电工程岩石试验规程:SL/T 264—2020[S].北京:中国水利水电出版社,2020.
[109] 崔希海,李进兰,牛学良,等.岩石扰动流变规律和本构关系的试验研究[J].岩石力学与工程学报, 2007,26(9):1875-1881.
[110] 余寿文,冯西桥.损伤力学[M].北京:清华大学出版社,1997.
[111] 金尧,孙训方,孙亚芳,等.考虑加载历史影响的蠕变律[J].机械强度,2001,23(2):206-208,234.
[112] 高蕴昕,郑泉水,余寿文.各向同性弹性损伤的双标量描述[J].力学学报,1996,28(5):542-549.
[113] 何思明.双标量描述的土的损伤模型及其应用[J].岩土力学,2002,23(3):337-340.
[114] 余天庆,钱济成.损伤理论及其应用[M].北京:国防工业出版社,1993.
[115] 张忠亭,罗居剑.分级加载下岩石蠕变特性研究[J].岩石力学与工程学报,2004,23(2):218-222.
[116] 刘光廷,胡昱,陈凤岐,等.软岩多轴流变特性及其对拱坝的影响[J].岩石力学与工程学报,2004,23(8):1237-1241.
[117] 张晓春.中厚软岩板静载弯曲时中面特性的时间相关分析[J].岩石力学与工程学报,2004,23(9):1424-1427.
[118] 巫德斌,徐卫亚,朱珍德,等.泥板岩流变试验与粘弹性本构模型研究[J].岩石力学与工程学报,2004,23(8):1242-1246.
[119] 张向东,李永靖,张树光,等.软岩蠕变理论及其工程应用[J].岩石力学与工程学报,2004,23(10):1635-1639.
[120] 王贵君.一种盐岩流变损伤模型[J].岩土力学,2003,24(增刊):81-84.
[121] 邹友平,邹友峰,郭文兵.改进的西原模型及其稳定性分析[J].河南理工

大学学报(自然科学版),2005,24(1):22-24.

[122] 李连崇,徐涛,唐春安,等.单轴压缩下岩石蠕变失稳破坏过程数值模拟[J].岩土力学,2007,28(9):1978-1982,1986.

[123] 何峰,王来贵,于永江,等.岩石试件非线性蠕变模型及其参数确定[J].辽宁工程技术大学学报,2005,24(2):181-183.

[124] 王来贵,何峰,刘向峰,等.岩石试件非线性蠕变模型及其稳定性分析[J].岩石力学与工程学报,2004,23(10):1640-1642.

[125] 秦跃平,王林,孙文标,等.岩石损伤流变理论模型研究[J].岩石力学与工程学报,2002,21(增2):2291-2295.